找到對的主管
跟班當好當滿！

相處四禁忌×升遷五地雷×說話八原則，
掌握職場相處技術，晉升比火箭還快速！

你只想要找到適合的工作，卻不知跟對主管也大有講究！

➡ 上司忌憚你的才華，總是將你的功勞搶去又拼命打壓你？

➡ 看看別人：一路被提攜升遷、加薪到讓人羨慕，為什麼他的日子那麼爽！

➡ 繼續待在小氣主管的手下工作，你永遠也沒有出頭之日！

宋希玉・林凌一 編著

職場「識人」技能大公開×上司「應對」祕訣不藏私
不讓你在平庸主管手下被埋沒、被小心眼的上司搶鋒頭！

目錄

目錄 ────────────────────

第六章　執行─沒有任何藉口

第七章　給你的上司一塊奶酪

第八章　忠言不一定非得逆耳

目錄

目録 —————————————————

前言

身為一名員工，你上面有主管，作為一個部門主管，你上面有上司，因此絕大部分人都存在一個「跟人」的問題。跟人跟得對，跟得好，自然跟著上司吃香喝辣；跟人跟錯了，或跟對了卻方法不當，自然免不了落魄潦倒，身在職場的上班族，應該如何跟人？

自古以來，跟人有五種境界。

第一種叫「有奶便是娘型」。這種人只顧眼前利益，誰能讓他們的眼前利益得到滿足，誰就是他們的「娘」。他們眼界窄小，目光短淺，行為無常，賣主求榮是他們的拿手好戲。這種人境界最低，常常會將潛在價值100元的「人脈股票」，定價1元賣掉。他們注定沒有大的發展。

第二種人叫「勢利眼型」。這種人有一點頭腦，善於見風轉舵。誰的勢力強，他們就跟誰。他們與第一種人還有一點不同：有時他們賣主求榮常常是迫於形勢而屈服。這種人最多跟人吃點殘羹剩飯。

第三種人叫「愚忠型」。這種人一旦跟了某人，便忠誠到底，不惜殺身成仁。這種人跟對了人倒不失一件好事，只怕跟錯了人，便一錯到底。雖忠誠可靠，惜眼力欠缺，終究是一件憾事。

第四種人的境界稍高，他們叫「迷路型」。這種人具有一定的眼光與見解，不以眼前的利益與得失為標準去跟人。他們最大的缺點是容易被事物的表面所迷惑而明珠暗投，跟了一個誇誇其談的無能之人，或跟了一個逐漸變質的有才之人。他們所跟之人不會有大的建樹，因而制約了他們的發展。這種人在歷經失望之後，痛定思痛，可能棄暗投明，但他們畢竟走了彎路，且會背上背叛的「汙點」。

前言

　　第五種人的境界最高，他們叫「智慧型」。這種人深知良禽擇木而棲、賢臣擇主而事的道理。他們善於看準人、跟對人、跟到底，儘管歷經眾多磨難，但最終成就一生的事業。

　　身在職場，跟人要向最高境界看齊，做到看準人、跟對人、跟到底。只有這樣，你才能最大限度地發揮自己、成就自己。

編者

第一章　尋找你職場中的「貴人」

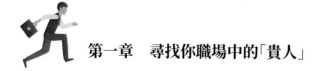

第一章　尋找你職場中的「貴人」

跟人是一門藝術。跟對了人、跟好了人，你上樓時有人扶，過河時有人渡；不小心跌倒了有人替你用海綿墊在身下，落水了有人拋救生圈。反之，若跟錯了人，你在上樓時有人踹，過河時有人拆橋；跌倒了有人踏幾腳，落水了有人扔石頭。另外，還有一種情況也可以認為是跟錯了人：對方想扶你渡你、保你護你 ── 卻總是心有餘而力不足。

翻開那些成功人士的創業史，我們看到的不僅僅只是成功人士單打獨鬥的足跡，往往還會發現「貴人」的身影。他們緊緊跟在「貴人」的身後，受到「貴人」的提攜與幫助，最後輝煌著「貴人」的輝煌 ── 或者超越了「貴人」的輝煌。

「老馬帶路」是條捷徑

在職場上求發展，貴人相助往往是不可缺少的一環。有了貴人，不僅能縮短晉升的時間，還能壯大你晉升的籌碼。

有句話說「七分努力，三分機運」，我們一直相信「愛拚才會贏」，但偏偏有些人拚是拚了也不見得贏，關鍵可能就在於缺少貴人相助。在攀爬事業高峰的過程中，有了貴人，不僅能替你加分，還能壯大你的籌碼。

「貴人」可能是指某位身居高位的人，也可能是指令你欽佩急欲仿效的對象，他們無論在經驗和專長方面，還是在知識和技能等各方面都比你勝出一籌。因此，他們也許是業界的領頭羊，或者是領導者。

香港某雜誌曾經針對港島的上班族做過一份調查，結果在所有受訪者中，有 70% 的人表示有被貴人提拔的經歷。而且，年齡越大，曾受提拔的比例越高，尤其是 50 歲以上的受訪者，幾乎每個人都曾經遇到過貴人。

該雜誌同時指出，一般人遇到貴人的黃金階段，大都集中在 20 ～ 30 歲這段時間，主要原因是，這是一個人一生中的事業關鍵期。

　　這份調查證明，有貴人相助，的確對事業有助益。受訪者中，凡是做到中、高級以上的主管，有 90% 都受過栽培；至於做到總經理的，有 80% 遇過貴人；自行創業當老闆的，竟然 100% 全部都曾被人提拔過。

　　不論在哪一種行業，「老馬帶路」向來是傳統的成功捷徑。這些例子，在體育界、演藝界、政界頗多。

　　體育界的人，披掛上陣的時間比較短，常常年紀不大就退下陣來，在幕後做些運籌帷幄的工作，同時也負責調教後起之輩。如日本相撲選手，新人向來被指派為老手服務。為師傅做服務，目的就是想透過前輩來提高自己。

　　已故大指揮家伯恩斯坦（Leonard Bernstein），是從紐約愛樂交響樂團助理指揮的位置做起的，他因受到栽培而聲名大噪，直到他接掌樂團指揮之後，便將助理指揮的職位專門作為造就人才之用。後來，紐約愛樂交響樂團果真培養出一批明星指揮家，如小澤征爾（Ozawa Seiji）、阿巴多（Claudio Abbado）、湯瑪斯（Michael Tilson Thomas）、德‧瓦爾特等傑出人才。

　　雖然說貴人相助對於晉升有很重要的作用，但要想被貴人「相中」，首要條件還是在於：自己究竟有沒有實力。俗話說，師父領進門，修行在個人。如果你一無所長，卻僥倖得到一個不錯的位置，肯定後面會有一堆人等著想看你的笑話。畢竟，千里馬的表現好壞與否，代表伯樂的識人之力。找一個扶不起的阿斗，對貴人的鑑人能力也是一大諷刺。

　　良好的「伯樂與千里馬」關係，最好是建立在雙方各取所需、各得其利的基礎上。這絕不是鼓勵唯利是圖，而是強調雙方以誠相待的態度，既然你有恩於我，他日我必投桃報李。人際管理專家曾經舉出千里馬與伯樂之間微妙的關係，往往是「愛恨交加」，又期待又怕受傷害。

　　如果，你正打算尋找一名「貴人」，以下是必須謹記的。

第一章　尋找你職場中的「貴人」

1. 選一個你真正景仰的人，而不是你嫉妒或嫉妒你的人。絕不要因為別人的權勢而想搭順風車。

2. 摸清貴人提拔你的動機。有些人專門喜歡找弟子為他做牛做馬，用來彰顯自己的身分。萬一出了事，這些徒弟很可能成為代罪羔羊。

3. 要知恩圖報，飲水思源。有些人在受人提攜，功成名就之後，往往就想雙手遮掩過去的蹤跡，口口聲聲說「一切都是靠我自己……」，絕口不提別人對他的幫助。如果你不想被別人指著鼻子大罵「忘恩負義」，千萬別做這種傻事！

「貴人」的臉上沒有貼標籤

對於職場人士而言，能夠一路晉升可以說是一種施展才華、肯定自我的最好途徑。只要你仔細地觀察你上面的「長」輩，你會發現，許多人能夠晉升完全是因為緊緊跟在一位「貴人」的後面。也就是說無論是工作成果的取得、地位的升遷，還是職稱的晉級，都離不開上司的幫助、鼓勵與提攜。因此，你的未來和你的上司密切相關。

貴人型上司的企圖心和責任感都很強。企圖心使他能不斷地升遷；責任感會使他能調動你的積極性，發現你的潛力，加強對你的培養，以便他升遷之後，你能承擔他以前的工作。

而能力較差的上司往往不思進取，這樣往往會連累你。你或許會成為上司過錯的代罪羔羊，徹底毀掉你在公司的前程；或者在企業看到某些部門長期拖累企業時，往往會把整個部門全部解僱或者降低合作，你就跟著上司一起倒楣了。或者，上司業績一直平平，沒有升遷的可能，那你很難越級升遷，只會在他手下「老死」。

有些人也許會認為在能力較差的上司手下工作，更能顯示自己的能

力，更容易脫穎而出。這種現象的確很多，但必須有三個基本前提：第一，你的能力的確超過上司，並且能做好工作；第二，部門的前景廣闊，企業對部門的期望很高；第三，你能克服上司給你設置下的重重阻力，讓企業主管越過你的上司發現優秀的你。如果沒有上面的三個基本條件，你最好還是尋找成功的上司。

除了能力外，上司的道德和修養也是判斷他是否是一個「貴人」的標準。如果你跟隨的上司，是個只知投機取巧，不知腳踏實地求發展的人，是個自私自利，不肯提拔員工的人，你將來的前途肯定是十分有限的。

貴人型上司的臉上沒有貼標籤，你需要練就一雙慧眼。概括起來，符合以下三個條件的上司即可定義為貴人型上司。

1. **值得信賴**：如果你選擇的上司是個扶不起的阿斗，你把精力、能力浪費在他身上，豈不是白費心思。那麼什麼樣的上司值得信賴呢？值得信賴的上司應該具有以下特質：

   - 有魄力，但不莽撞。
   - 刻苦勤勞，做事嚴謹。
   - 做事細心，反應機敏。
   - 具有創新精神。
   - 對待員工寬厚，但不縱容。
   - 重視商譽，不投機取巧。
   - 在所屬業界有良好的公共關係圈。
   - 自制力強，有出汙泥而不雜的毅力。
   - 有識人與用人的才能。
   - 有擴展事業的雄心和理想，具有積極向上的精神。

2. **和自己共患難**：如果你在中小企業工作，要有犧牲眼前利益的精神，把公司的發展當作自己的發展，工作比在大企業辛苦，拿錢也比在大企業中少，你唯一的希望就是幫助老闆把生意做大，在水漲船高的情形下，你才有前途。因此，你進入中小企業後，一定要抱定與老闆共患難的決心，把自己的前途賭在老闆的事業上，當然這樣做的前提是，老闆必須是個可信賴的人。

3. **具有現代經營理念**：企業的經營管理已成為綜合性的科學產物，不管是人事的組合、投資的分析、市場的拓展，都有一套系統的做法。上司不具備這種新的觀念，企業就沒有前途，你的命運可想而知。

以上三點，尤以第一點和第三點重要。

當然，上司一般是不能由自己選擇的。但是，你可以創造條件去接近心目中認定的比較理想的上司，並疏遠那些不理想的上司。選擇上司時，不僅需要看上司的思想意識、他們對下屬的關心程度及提攜下屬的能力等，還要看你自己的意願和想法以及你的興趣。有一些人在工作中追求的是職務的晉升；有些則是追求比較安定的環境；有些是追求比較高的經濟收入；還有些是為了事業的充實。目的不同，對上司的要求不同，選擇上司的標準當然就不一樣。在這裡，具體提供幾種類型的上司供不同目的的人來選擇。

▪ **年輕有為，才華學識都在平常人之上，在前程上被人普遍看好的上司**：這些人積極上進，對集體榮譽看得很重。跟著這種上司做事，除了受累，在個人利益方面可能什麼也得不到，但是，一旦他們被提升，不僅會空出位置給你，而且還有利於你今後的進步。一方面，他日益增大的權力更有利於對你的提攜；另一方面，他的積極奮進的鬥

志和由此帶來的成功必然刺激你的上進心，名師出高徒，對於一些想奔向遠大前程的人，必須尋找這樣的上司來幫助你。

- **資歷深遠、德高望重的上司**：這些人曾經有過輝煌的歷史，也不乏才能和經驗。但是，因為種種原因，他們在仕途上進入了停滯期，儘管樣樣工作做得不在人下，終歸是晉升無望。他們的權威性和成熟的人際關係可以保證下屬在工作中比較順利，在物質利益方面也能給下屬帶來這樣或那樣的好處，而且你能從他們那裡學到很多經驗性的東西。可是，如果你想高人一等，必須等到他們退休以後。因為他們不能被提拔，也就沒有你可占據的位置。

- **喜歡清靜無為的上司**：他們才學一般，所任職的部門不是主要部門，所承擔的業務份量不是很重。他們對名利看得很淡，對自己的提拔考慮得不是太多，對下屬的要求也就不怎麼太嚴，甚至對部門的過錯也抱睜一隻眼、閉一隻眼的態度。你跟著他們做事，唯一的好處就是不受累，沒有任何壓力和負擔。但是，除此以外，你也不會輕易得到其他東西。

好的農作物要種在沃土裡

「君不賢，則臣投別國」，韓信捨項羽投劉邦，成就一番豐功偉業。跳槽並不是什麼難堪事，棄暗投明是你應誓死捍衛的權利。

你或許有過這樣的經歷：當時面試的時候，那似乎是一個理想的職位，處處符合你的要求，你甚至以為自己終於找到一份好工作。你把全部心思放在公司裡，希望一展所長，可是，卻發現現今自己所做的，卻是一些很瑣碎而毫不重要的事情，換言之，你被拋到一個閒置的位置上。上司答應交給你一份具有挑戰性且有創意的工作，但事實是這份工作讓其他同事瓜分了。你很生氣，是不是？

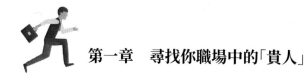

第一章　尋找你職場中的「貴人」

　　人在氣憤當中，往往會做出很衝動的事情，所以在你未採取行動向上司遞辭呈以前，還須三思。如果你是首次在這個行業發展，對很多事情仍感到陌生，你需要多做、多問、多學習，故而不該養成練精學懶的性格，更不可以斤斤計較，能夠有機會讓你深入了解自己的工作，什麼事情都讓你動手去做，這是你的福氣。

　　相反，如果你對現今的工作不感興趣，無法從中獲得成就感，最令你耿耿於懷的是，你的工作性質根本與你想像中的相差太遠，例如：面試時，上司答應讓你擔任他的私人助理，結果其他同事把你當作雜務員看待，事無大小，都叫你去跑腿，遇到這種不合理的現象時，你應該直接跟上司談談自己的感受與想法，事情可能會有轉機，上司會重視你的價值。

　　如果你遇到下列情況，便要特別注意，也許這就是你跳槽的理由：

- 經營不善，老闆沒有眼光。
- 經營不透明，老闆把公司當成私人物品。
- 有能力的人紛紛辭職，無能力的人受到重用。
- 中階主管萎靡不振。
- 高階主管獨斷專行。

　　總之，當今社會是一個開放性的社會，工作也是一種雙向的選擇。「貴人」有權選擇你，你也有權選擇「貴人」。樹挪死，人挪活，好的農作物要種在沃土裡。

　　漢雷在賓州大學攻讀的是冶金工程，與推銷工作完全脫節，他在假期中，曾到一家鋼鐵公司工作，想學點實際經驗。快到大學畢業時，他發覺在工廠裡工作，並不比推銷工作更有意義，所以他跟鋼鐵公司的業務負責人商量，是不是可以讓他做外務工作，到外面去做推銷人員？

　　漢雷當時得到的答覆是：「除非你在公司中熬到頭髮白了。否則，不

可能有當推銷員的機會。」漢雷不想虛度光陰，在他父親的推薦下，他去了寶鹼公司（Procter & Gamble, P&G）。

寶鹼公司是美國著名的清潔劑製造廠商，在這個公司裡工作的人員，只要在工作上有傑出的表現，馬上就會被升到更高一級的職位，不論年齡、資歷，甚至不重視學歷。漢雷對自己的能力是深具信心的，因此，他很快就對這項人事制度發生了興趣。他相信，只要他在這個公司裡做下去，他一定是有前途的。

這時候，正好寶鹼公司推出一種新產品——汰漬清潔劑，需要大力在市場上進行宣傳、銷售。漢雷立刻抓住這個機會，充分發揮自己的推銷能力，一面與同行進行競爭，一面與同事之間展開業績競賽。一年中，他在同一推銷地區中，連獲三次第一。於是，他被調升的命令下來了，公司任命他為洛杉磯地區的高級推銷員。

在此後的三年中，漢雷又獲得了兩次升遷，其職位已接近地區經理。當時，寶鹼公司已是全美大企業中排名第 19 位的優秀企業，他們培養管理人才的優良制度，在當時是出了名的。漢雷看準了這一點，所以下定決心，要在這個企業出人頭地。又過兩年之後，漢雷升任為地區經理。

在職場上，千萬不要把過多時間浪費在一個不值得你跟的以下幾種上司身上。

▎多疑型

多疑型上司總是有一系列錯覺，認為他與下屬或上級之間有許多衝突。人們很難與多疑的人共事，因為他們所想像的真實與客觀世界中的真實常常不一樣。他們頭腦中的扭曲想法只能被自己所接受，但無法被其他的人所接受。因此，別人很難預料或解釋他們的行為和態度。

多疑型上司的典型行為表現為：

第一章　尋找你職場中的「貴人」

- 錯誤地指責別人的看法；
- 不恰當地理解別人的行為。

　　多疑的人很少有關係密切的同事或好朋友。他們的多疑阻礙了他們與別人交往，而別人則非常留意與他們保持一定的距離，以便防止不必要的衝突或問題。

　　為多疑型的上司工作會使你產生一種不切實際的感覺。由於他們經常會不真實地認為自己與別人有衝突，也許與你有衝突，因此你總是不得不花時間猜測他們的態度，並經常為自己辯解，因而影響你的工作和提升。

▌傲慢型

　　傲慢型上司通常自命不凡，在缺乏根據的情況下聲稱自己是非常重要的人物或享有極大的權力。他對待別人總是採取一種上級對下級的態度，並經常沉浸在自封的重要性之中，這使得別人很難與他對話或共事。

　　傲慢型上司通常在工作中比較能幹，但由於對自己真正的重要性缺乏清楚的認知，他們把注意力都集中於怎樣讓自己的頂頭上司或其他的上層人物留下良好的印象。他們不太容易接受改革的想法，除非他們自己是新想法的倡導者。他們經常很難與同事保持密切的關係，因為他們的傲慢本性使得別人對他們保持距離。

▌無能型

　　這種類型的上司不能恰當地做好他所負責的工作。他在工作中的努力不是沒有取得理想的效果就是花費了太多的時間。通常，這樣的人對自己的無能視而不見，並且對任何可能會顯示自己缺陷的批評方式高度的敏感。他不認為自己應對工作中的問題負責，而是一有問題就迅速地指責別人。無能型上司的工作成果表明了他的能力和水準。

20

　　一位調查預測組的負責人由於缺乏必備的知識和能力而無法制定出合理的調查問卷，但他反而對別人根據規定的操作規程而制定出的調查問卷表示不滿。這是無能型上司的一個典型例子。

　　無能的人似乎對自己的每個無能行為都有一個藉口。這種防禦方式是他們習慣無止境地為自己尋找藉口的結果，敢做敢為的下屬和很有能力的人經常被無能型上司視為一種威脅。這種不喜歡也許是因為害怕自己的無能被暴露於公眾之前而引起的。但這對你想借助他有所發展，無疑是一個阻礙。

▎吝嗇型

　　剛大學畢業的小敏在一家小電腦公司擔任祕書工作，老闆是一個創業家。

　　她的薪資很低，每個月不到 20,000 元，而且工作了半年之後絲毫沒有加薪的跡象。加班沒有任何加班費，自己實際上需要解決午餐跟晚餐。老闆對她的要求很嚴格，用過的廢紙必須翻過一面再用，最後存起來賣給收廢紙的。賣廢紙的價錢也是由老闆經過半小時的談判才達成，收廢品的人因為賺得太少，要求老闆把廢紙搬到外頭去。老闆當然不會親自動手，於是，小敏只好一次次把成捆的廢紙搬到樓下。

　　當另一家公司向小敏投出橄欖枝以後，她馬上就離開了。

▎嫉賢妒能型

　　這類上司往往很有能力，然而心胸過於狹窄，聽不進員工的意見，常對一些比自己強的員工進行打擊報復。有想法有創造力的員工無法忍受這種老闆。一部分外商和新興高科技企業的員工把這種上司列為最不受歡迎的上司。

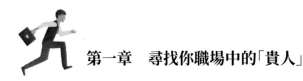

第一章　尋找你職場中的「貴人」

▋任人唯親型

　　祥子在家鄉的一家服裝工廠當主任。服裝廠除了他，很多人是廠長的親戚。這種事情在家族企業非常普遍。廠裡的財務科長是廠長的小舅子，採購科長是廠長的妹夫。他們平時在廠裡作威作福，威風八面，工人們反彈意見很多，因此辭職的人不在少數。

　　儘管廠長比較看重精通技術、善於管理的祥子，並委以重任，但祥子定的規章制度與決策在工廠裡卻往往得不到執行。其原因就是廠長的親戚根本不把他放在眼裡。祥子和廠長就執行的事作了幾次溝通，也沒有什麼效果，便心灰意冷，睜一隻眼閉一隻眼地混日子。祥子在服裝廠能大有前途嗎？其實他還不如離開好。

識英雄於難時

　　並不是所有的「貴人」都身居要位，身分顯赫，炙手可熱。事實上，在尋找「貴人」時我們也應該平視或俯視。

　　識英雄於難時，的確需要一定的眼力。如果你認為對方是個落難英雄，就應及時結納，多多交往。或者乘機進以忠告，指出其所有的缺失，勉勵其改過行善。如果自己有能力，更應給予適當的協助，甚至施予物質上的救濟。而物質上的救濟，不要等他開口，應隨時取得主動。有時對方很急著要，又不肯對你明言，或故意表示無此急需。你若得知情形，更應盡力幫忙，並且不能有絲毫得意的樣子，一面使他感覺受之有愧，一面又使他有知己之感。寸金之遇，一飯之恩，可以使他終生銘記。日後如有所需，他必奮身圖報。即使你無所需，他一朝否極泰來，也絕不會忘了你這個知己。

　　其實英雄落難，壯士潦倒，都是常見的事。但能人志士，終會一飛沖

天、一鳴驚人的。

從現在起，多注意一下你周圍的人，若有落難的英雄，千萬不要錯過了。

識英雄於微時

相對於「由盛而衰」式的落難英雄，發現沒有發跡過的英雄就更難了。識英雄於微時，就是要在英雄還沒有發跡時去欣賞他、幫助他。如果在他已成為英雄後去奉承他，那麼他會因你的趨炎附勢而討厭你。

隋末，有位叫楊素的大臣，終日和成群歌妓宴飲享樂，不理國務。一日，一位岸然雄偉的青年人求見楊素，因沒有特殊之處，被楊素打發走了。但站在楊素後面的手拿紅拂的女子，覺得這個青年人不凡，於是便連夜投奔青年人，幫助他，演繹了一齣千百年來膾炙人口的「紅拂夜奔」故事。後來，這位叫李靖的青年人幫助李世民建立唐朝而成就了自己的偉業。

這種慧眼識英雄的投資，好比現在人們投資於房地產一樣。有些人，在沒有人注意的時候，大量收購荒地，然後在附近修公路，蓋起娛樂中心、購物場所等設施，於是，原來的荒地便因附近環境的改變而身價倍增。這種獨具慧眼的投資，比起那種「貴買貴賣」的投資，真是如同天壤之別。「雪中送炭」絕不同於「錦上添花」，我們只有在困難時幫助人、關心人，才會達到「雪中送炭」的效果，但如果在人得志、發跡時去關心他，卻不免有拍馬屁之嫌了。慧眼識英雄於微時，只有在「微時」才能很好地判別其是否是英雄的料子；也只有在「微時」識「英雄」才能發揮出最佳的激勵和鼓動作用，使其走出逆境、戰勝困難，成為名副其實的英雄。

劉邦，原是一個地痞流氓，只因他有進取學習的精神和被人賞識的機

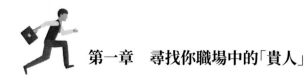

會，才成為漢朝的開國皇帝。

　　劉邦那個富有的岳父呂公，是第一個欣賞他的人，呂公因逃避仇人來到沛地，遇上了有義氣、很豪放的劉邦，覺得他是可造就的人才，於是，便不顧夫人的極力反對，將自己的女兒呂稚嫁給劉邦。事實證明，呂公的眼光很準確。

　　另一個改造劉邦的人，便是有識之士蕭何。當劉邦還是地痞流氓時，蕭何便發覺他獨特的氣質，內心仁厚，慷慨好施，這是天生領袖人才所具有的。蕭何不顧劉邦不學無術、口出狂言、羞辱別人的缺點，安排他當亭長，發揮他的長處，幫助他，改造他。當劉邦因沒把犯人押解到指定地方而遇到困難時，蕭何便提供一些軍餉來接濟他。而且，蕭何還編造了許多有利於劉邦的神話，將平凡的劉邦宣傳成一個順應上天而當天子的人。

　　在另一方面，蕭何又幫劉邦廣攬天下英才。如棄暗投明的韓信，由誤會到深得劉邦信賴重用，完全是蕭何全力保舉的，正是因為這樣，劉邦才能輕易得到天下。

　　蕭何之所以特別欣賞劉邦，除了他有著領袖的條件和胸襟外，還有其他的許多優點，如他有自主精神，不因娶了一千金小姐而投靠岳父；當他落難山林，也不擾亂平民，具有極強的忍耐；在他不得志時，受盡兄嫂白眼而委曲求全；在得到蕭何幫助後，能改過自新，追求上進，而且還能知人善任。

　　以上的故事，說明蕭何由於具有偉大目光，既幫助別人成功了，也成就了自己的事業，所以，如果要想獲得巨大的利益，應該懂得人力的投資。

諸葛亮的「貴人」

　　除了落難的英雄與埋沒於草莽的英雄之外，平庸的顯貴也是值得一「跟」的人。追隨一個平庸的上司，而且還必須為他效勞，確實是件無趣的

事，學不到半點東西，只是徒然浪費了寶貴的光陰。然而，對於平庸的下屬來說，在能力高、管理有方的上司手下工作，固然能使自己的能力較快提高；但對於能力強的下屬來說，在平庸的上司手下工作更能春風得意地表現自己，如果在能力強的上司手下工作，就不容易發揮出自己的才幹。

三國初期正是天下大亂、群雄紛爭的年代，有志者莫不浮游其間，試露鋒芒；而懷有治世之奇才的諸葛亮卻甘心隱居隆中。表面看來，這是不合情理的，然而諸葛亮此舉正是在靜候一個人的到來。與其為牛尾，不如為雞首。諸葛亮分析天下的形勢，既不想投奔勢力強大的曹操、袁紹，也不想在江東孫權手下為官，他需要的是一位慧眼識英雄而又寬厚的君主。因此劉備三顧茅廬後，諸葛亮終於出山，最終促成了三國鼎立的局面。

劉備死後，其子劉禪是個典型的平庸型上司，基本上不懂得治國方略，完全依賴諸葛亮出謀定計。諸葛亮的才能之所以發揮得如此淋漓盡致，與他所處的寬鬆環境和遇到兩位能力平平的君主有很大關係。假如諸葛亮在曹操手下做幕僚，曹操是不會讓他一手掌握軍政大權的，歷史上的諸葛亮也恐怕難以有今人的如此評價了。

由此可以看出，在平庸的上司手下工作，也並非沒有出路，只是一定要有能力 —— 工作能力以及處理好上下級關係的能力。

李斯的「貴人」

李斯生於戰國年間，年輕時當過小官，對當時現實和自己的處境很不滿，一心想建功立業。他經常看見在廁所中覓食的老鼠，遇見人或貓就慌忙逃竄，樣子顯得十分狼狽。再看糧倉中肥鼠，自由自在地偷吃糧食，沒有人去打擾。

李斯長嘆一聲，並因此得到啟發，認為做人也要像糧倉之鼠，才能為

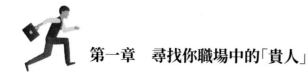

所欲為，自由自在。他到齊國去拜荀子為師，專門學習治理國家的學問。

學成之後，李斯仔細分析了當時的形勢。楚王無所作為，不值得為他效力。其他幾國勢單力薄，也成不了大氣候。他感到只有秦國能有所作為，於是決定到秦國去。

臨行前，荀子問李斯去秦國的原因，李斯回答說：「學生聽說不能坐失良機，應該急起直追。如今各國爭雄，正是立功成名的好時機。秦國想吞併六國，統一天下，到那裡去正可以大做一番大事業。人生在世，最大的恥辱是卑賤，最大的悲哀是窮困。一個人總處於卑賤貧窮的地位，就像禽獸一樣。不愛名利，無所作為，不是讀書人的真實想法。所以我要去秦國。」荀子對此加以讚賞。

李斯剛到秦國時，雖歷經了一定的坎坷，但終於一步一步地官位高升。不到 10 年的時間，他就輔佐秦始皇消滅了六國，完成了統一天下的大業。他因此為秦始皇所器重，官位上升到了丞相。

「良禽擇木而棲，賢士擇主而事」，這是中國古代謀士人格力量的表現，也是他們成就事業的祕訣。擇主而事，就是要選擇那些他們心目中的「明主」，去輔助他，為他出謀劃策，使自己的聰明才智得以充分發揮。

李斯不愧是識時務者，當然屬俊傑之列。他從廁所和糧倉中老鼠的兩種截然不同遭遇中得到啟發：一定要選擇英明的君主，才能使自己像倉鼠那樣，「為所欲為，自由自在」，充分施展自己的才華。

第二章　寫好你的金字招牌

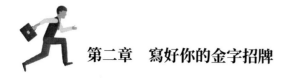

第二章　寫好你的金字招牌

選準了你要跟的上司，在你跟人的路上還只走了一小步。你憑什麼去跟？你需要具備哪些基本的素養？……這些都是你必須留意的。

邁出眾人的行列

想取得上司垂青的人很多。研究如何獲得上司的垂青，必須先研究上司是如何辨別有才幹、有潛力，能委以重任的人的。對此，美國的一位金融家曾經指出：「假定這裡有 1 萬名士兵，均呈『一』字型站在他們司令官的面前，司令官對待他們一視同仁，一起訓導和培育。然而，更能引起司令官注意的是某些能夠走出行列的人，也許這些人會成為他今後選拔、提升的對象。」他還說，「我十分注重發現一些能從銀行職員隊伍中向前邁出的人，只要他們能自動地結合自己的能力和勇敢的精神，做一些不是在我指揮之下，而又能獲得成功的事，我就會提升他們」。

曾經有一名年輕的鐵路郵務員，開始時他與千百個同事一樣，用古老、陳舊的方法分發郵件、信函。由於是手工分發，出現不少錯漏。許多郵件、信函往往耽誤幾天、幾週，甚至發生誤投誤送。於是這位普通的職員有了新的想法，透過不斷摸索與實踐，他發明了一種將郵件、信函集合遞送的方法。他就是後來成為美國電話與電報公司（American Telephone & Telegraph Corporation, AT&T）總經理的貝爾（Alexander Bell）。這一個小小發明，竟一下子改變了他身為一名普通職員的命運，成為他一生中最偉大的事。當他的設計圖表和計畫構思發表後，引起了當時鐵路郵政當局的深刻注意。在一邊採納、使用他的發明的同時，他也不斷地得到了提升。5 年後他成為郵務局的幫辦，接下來就成為總幫辦，幾年後又走馬上任成為美國電話與電報公司的總經理，成為一名政府要員。

有這樣一個例子：有位身材矮小、頭髮稀少、相貌平平的青年叫卡納

奇。有一天早晨，卡納奇到辦公室的時候，發現一輛破毀的車身阻塞了鐵路線，使得該區段的運輸陷於混亂與癱瘓。而最糟的是，他的上司、該段段長司哥特又不在現場。

當時還是一個送信的小職員的卡納奇，面對這樣分外的事情該怎麼辦呢？可行的辦法是，立即去通知司哥特，讓他來處理，或者是坐在辦公室裡做自己分內的事。這是既能保全自己職業，又不至於冒風險的做法。因為調動車輛的命令只有司哥特段長才能下達，其他人做都有可能受處分或被革職。但此時貨車已全部停滯，載客的特快列車也因此延誤了正點開出時間，乘客們十分焦急。

卡納奇經過認真、反覆思考後，將自己的工作與名聲棄之一邊，破壞了鐵路規則中最嚴格的一條，他果斷地發出了調車命令的電報，並在電文下面簽上了司哥特的名字。

當段長司哥特來到現場時，所有客貨車輛均已疏通，所有的事情都有條不紊地進行著。他先是感到很吃驚，但最終一句話也沒有說。

事後，卡納奇從旁人口中得知司哥特對於這一意外事件的處理感到非常滿意，他由衷地感謝卡納奇在關鍵時刻的果敢、正確的行為。

這件事對貌不驚人甚至有點醜陋的卡納奇來說是一個終生的轉折點。從此，他便升為司哥特的私人祕書，24 歲時就接替了司哥特的職務，提升為段長。

成名後的卡納奇在回憶這段軼事時說：「如果一個普通的職員能與高級職員甚至上司相接近，說明他在自己生命的戰鬥中已獲得了一半的成功與勝利。每一個年輕人的目標，除了盡善盡美地完成好自己的本職工作以外，更應該做的是一些本職以外，並且能深深地吸引他的上司注意的事。」

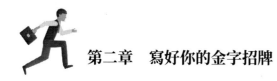

因此，完全有理由得出這樣一個結論：做人家希望、指派以外的事，特別留心額外的責任，注意到自己工作以外的事，也將這些事做得至善至美、令人欽佩。

打鐵還須自身硬

打鐵還須自身硬，想要某位「貴人」提攜你，先問問自己會不會辜負對方的期望。不要打腫臉充胖子，而應該要有自知之明。因此，身在職場，要想有所作為，你要具有相應的能力：文字寫作能力、口頭表達能力、領導能力和人際交往能力。

▌文字寫作能力

具有較高文字寫作能力的人，能促使自己的思維和決策系統化、條理化、規範化，便於指導和改進全局的工作；還能使自己比別人更迅速地處理各種公文和資料，提高工作效率。隨著形勢的發展，對各類領導人才應具有的文字寫作能力的要求也越來越高。臺灣一些地區在選拔中、高階層領導人才時，已經明確要求他們具備撰寫論文的水準，並將這一標準列為對他們進行短期強化訓練應達到的目標之一。

具備較強的文字寫作能力，能使領導人才的各項基本素養不斷趨於完善，因而最大限度地發揮潛能，使自己向著更高層次的水準發展。

在歷史上，凡是著名的領袖人物都是善於寫作的。邱吉爾、羅斯福、戴高樂都曾經當過記者，辦過報紙、雜誌，寫過書。不少人正是因為當了名記者，辦了一份名氣很大的報紙或雜誌，才創造了自己的知名度，逐步走上高級職務的。

▌口語表達能力

口語表達能力主要包括在各種會議上的演講能力，對不同對象的說服能力以及面對複雜情況的答辯能力。這三種能力恰恰是目前不少基層主管，甚至包括一些高層的領導者所缺乏的。有些主管不善於在各種群眾面前精闢地表述自己的思想見解，甚至講兩三分鐘的短話也要祕書事先擬一篇講稿，還有些主管在找下屬談話時，明明真理在手但卻說服不了對方。有時候，遇到發問竟然無言以對，缺乏基本的答辯能力。由此可見，要想成為一名合格的主管，應該具有一定的口頭表達能力。而對於領導人才來說，不斷有意識地提高自己的口頭表達能力，更顯得尤為重要。

具備出色的口語表達能力有助於提高和完善領導人才的整合指揮能力和疏通協調能力。

▌領導能力

領導能力的主要組成是「識人」、「育人」、「用人」三部分。古語說「士為知己者死」，用現在的話來說就是「人為知己者用」。位居領導地位的人如果沒有識英雄的慧眼，下屬是絕對不會激起幹勁的。時代要求領導者要以公平而客觀的原則去評估一個人，提拔真正有才能的人，這就是「識人」，是培養領導能力的第一件事。發現了人才要在實踐中培養，要激發他們的積極性，使之成為骨幹力量，這就是「育人」，是培養領導能力的第二件事。對人用而不疑，放手大膽地使用，並根據不同素養，委託以不同的責任；根據不同情況，給予不同形式的指導，這就是「用人」，是培養領導能力的第三件事。學會了「識人」、「育人」和「用人」，就掌握了領導藝術中的全部行動能力。無論你現在是否在主管位置，都將是你走向成功的重要因素。

第二章　寫好你的金字招牌

▋人際交往能力

天時、地利、人和是成功的三大要素。而其中天時不如地利，地利不如人和。的確，不管做什麼，其成功之途，人際關係是不可忽視的因素。

現代社會中，人們交往時奉行一種公平利益原則，即互惠關係，交往雙方應互相提供利益。由此可見，在現代社會中人際交往的需要增多，機會增加，我們所要進行的任何事情都必須在與他人的交往中完成。

卡內基大學曾對 1 萬多個案例進行分析，結果發現「智慧」、「專業技術」和「經驗」只占成功因素的 15%，其餘的 85% 決定於人際關係。哈佛大學就業指導小組調查的結果顯示：數千名被解僱的員工中，人際關係不好的比不稱職的高出兩倍。其他許多研究報告也都證明，在調動的人員中，因人際關係不好、無法施展其所長的占絕大多數。因此，良好的人際關係是一個人取得成功所必須具備的一種素養。

打造你的自我標識

剛剛成為議會的一名新成員的尤哈隆，正要在議會會議上致辭。

一位帶有譏諷口吻的議員在尤哈隆站起時說：「這位從伊利諾州來的紳士，一定在他的袋子裡藏著雀麥。」頓時引起會場一陣笑聲。尤哈隆並沒有迴避和採取高姿態的忍讓，他銳利地應答：「是的先生，不但我的袋子裡裝著雀麥，連我的頭髮裡也夾著草籽呢！」就是因為這一句話，使他贏得了人們的尊重，這位「草籽議員」的名字從此傳遍全美國。

有人說這不過是件極為偶然的事，但仔細想來，身為一名新議員的尤哈隆的言語確有一種駕馭人的氣度。

羅斯福總統被譽為拿破崙以後最成功的政治家，他所用的也是這種方法。有一次羅斯福和司巴克斯在牡蠣灣裡面，在離他們不遠的地方早已架

好了一架活動攝影機，以便隨時攝下羅斯福的舉止、儀態。司巴克斯後來談到了當時羅斯福的表演：「起先他說了幾句話，說話時雙手插在褲袋裡，當攝影者開始啟動攝影機時，羅斯福立即將雙手從褲袋裡抽出來，並開始做許多手勢，不僅顯得自然，更顯得鎮定幽雅，還可以說是相當富於政治家的氣度。」

美國一名著名的攝影家也曾說過，「羅斯福在拍攝時，常拒絕做那種人為的姿勢，他極力主張在動作時拍攝鏡頭，不論此時他的面龐是否扭曲或者姿勢是否難看。羅斯福樹立起他的另一個標識是：常使他們的姿態保持氣度。」

銀行家強森是一位在芝加哥深受大家喜愛的人，有一次他向一名作者說：他常繫紅領結，以便使人記得他。他還說，獨特的外表裝飾也是一種極好的標識。

不過，要注意的是標識應於自然中流露，順應於不同的場合，不能有虛偽或假冒之處。

尤哈隆這位「草籽議員」帶有他那種特殊的鄉村氣息，也代表著許許多多的農家人；羅斯福真實的愛好「勤奮的生活」，證明他的確是「牧牛的童子」和「莽撞的騎士」出身。至於強森的紅領結，則屬於人自然的習慣和嗜好。

所以，使用這種獨特鮮明的標識，需要遵循的規則是：保持你的自然魅力與天真。

上面所涉及的是名人的自我標識，其實機關裡的公務員、公司裡的職員、演藝界的演員等等，也可運用這種方法去博得上司的注意與好感，在眾人中顯得出類拔萃。

在阿摩的公司裡有位名叫阿托拉斯的年輕人，因為阿摩愛好穿粉紅色

運動絨衫，阿托拉斯也照著阿摩的樣子去做，不著工作裝，也穿一件粉紅色的運動絨衫。有一天，阿摩問身邊的人：「他是誰？」從此以後，阿托拉斯便引起了阿摩的注意，隨即便從眾多職員中被挑選出來。據說他之所以能夠崛起，最終成為公司的總經理，與他能巧妙地運用這種自我標識有很大關係。

取得他人的尊重

良好的個人品性是一切人才應具有的基本素養，它是受人尊重不可或缺的因素，也是要得到上司「垂青」的下屬所應具備的各種內在條件中最重要的組成部分。它包括如下幾個方面。

▌謙遜

把自己的業績經常掛在嘴邊自吹自擂，或不斷地拿它去做文章，這就十分囂張過分，應該有所克制。

很多剛開始工作的人不懂得這種心理，往往希望從一開始就引人注目，誇耀自己的學歷、本事和才能，即使人相信，形成心理定勢之後，如果你工作稍有差錯或失誤，就會被人瞧不起。試想，如果一個大學生和博士生做出了同樣的成績，人家會更看重誰？人家會說大學生了不起。博士生的學歷高，理應本領更高些，可卻跟大學生一樣，有什麼了不起的？

有位名叫克里斯的人生平有件膾炙人口的事，在這則軼事中我們可以發現做人的另一種藝術。

克里斯在阿姆斯大學的最後一年，獲得了一枚金質獎章，是由美國歷史學會獎給的最高榮譽。這在全美國來講，也是件很榮耀的事情，但克里斯並沒有把這件事向任何人講，甚至連自己父母都沒說明。畢業後，聘用

他的公司經理無意中從 6 週以前的一份雜誌消息中發現了這一記載，這使他對克里斯倍加讚賞與青睞，不久便給了他一個很重要的職位。

可見，在平時以真誠謙遜的態度待人，博得大眾的好感，為自己事業的騰飛奠定基礎；一旦時機成熟或者機遇已到，就要充分利用謙遜所帶來的社會好感，一蹴而就，達到目的。

另一個以謙遜聞名於世的人，便是美國南北戰爭時期南方聯盟的戰將傑克森。

有人說「天賦的謙遜」是傑克森顯著的特性和優秀的品格。

他在西點軍官學校時，便以謙遜著稱。「石牆戰役」是由他指揮的，但他卻一再堅持說，功勞應屬於全體官兵，而不屬於他自己。在墨西哥戰鬥中，總司令斯哥托對傑克森的指揮能力予以極高的評價，而他自己從未向任何人提起過這件事。

不過，傑克森並不是視功名如糞土，從墨西哥戰爭開始時他給他姐姐的一封信中便可以看出，他有樹立聲譽、博得大眾注目的計畫。他當時只不過是一名副官，但他以勇敢的精神、謙遜的態度和過人的聰明，巧妙地完成了他向上進取的每一個計畫，使斯哥托將軍對他大為好感，因而得到了不斷的提拔。

對此，我們不難看出，傑克森謙遜的雙重性與克里斯何等相似！這些人所不願聲張的，只是那些一定會為人們所知道的事情；而當他的至關重要的功績被人們忽略時，他們也會立即採取必要的行動來顯示自己 —— 這是一種實事求是的標識罷了。

所以，只有目光短淺、胸無大志的人才會時時標榜自己做了什麼，甚至在大眾面前掩飾自己的過失。而像傑克森、克里斯等人卻不是這樣，他們能超脫這種淺薄的虛榮，因為他們深知，人們所樂意接受和尊敬的是謙

第二章　寫好你的金字招牌

遜的人。

　　一個有功績而又十分謙遜的人，他的身價定會倍增。

　　對於謙遜，我們還要指明一點：在這個現實的世界，好的道德與才能，如果沒有人知道，則不會有很好的回報。這不僅是在欺騙自己，也是在欺騙別人，更是對自己功績的詆毀。所以，過度的謙虛並不是一種可取的美德。謙遜與恰當時候的自我標識相結合，是一個人獲得他人（包括上司）尊重的重要途徑。

▎守信

　　中華民族有一個古老的傳統，那就是對信用與名譽的注重。你聽說過「抱柱守信」的故事嗎？古時候，有個年輕人，和友人相約在橋下。他等了許久，約會的人不來。一會兒，河水上漲，漫過橋來，他為了守信，死死地抱住橋柱，一心一意地等待著友人的到來。河水越漲越高，竟把他淹死了。這位年輕人抱柱而死的行為儘管有點迂腐，然而，那種「言必信，行必果」的品格，卻是永遠值得人們敬佩的。

　　在歷史上，這一類「待人以信」的故事，不勝枚舉。重視信用與名譽，已經成為我們祖先做人的根本守則。是啊，信而又信，誰人不親暱？因此我們認為，為了樹立有信用的形象，應注意以下幾點：

量力許諾

　　某機關一個科長，向科裡的青年職員許諾說，要讓他們之中三分之二的人評為中級職稱。但當他向有關部門申報時，部門卻不能給他那麼多名額。他據理力爭，跑得腿酸，說得口乾，還是沒有解決問題。他又不願把情況告訴科裡的職員，只對他們說：「放心，放心，我既然答應了，一定要做到。」

最後，職稱評定情況公布了，眾人大失所望，把他罵得一文不值。甚至有人當面指著他說：「科長，我的中級職稱呢？你答應的呀。」而上司也批評他是「本位主義」。從此，他既在科裡信譽掃地，也在上司面前失去了好感。

有幾分把握，就實事求是地說幾分。有經驗的人一看你「輕諾」，就知道「寡信」。而一聽你說：「對不起，這件事我不能打包票，我可以努力爭取。」就知道你是靠得住的人。

善於彌補

儘管許多人都自詡為「一言九鼎」的君子，但可以肯定地說：他們絕對沒有實現他們所有的諾言。有許多諾言，能否成功實現，不只取決於主觀的努力，還有一個客觀的因素。有些事情許諾的時候可以辦到，但後來客觀條件發生了變化，就可能很難辦。

跑業務的小張曾答應給某家公司 50 噸鋼材，但當他跑去找鋼鐵廠供銷科的叔叔時，發現他叔叔已調至後勤部，50 噸鋼材難以籌到。小張得知事情有點棘手後，在第一時間裡就打電話給該公司，說明原因，並主動提出是否需要他供應 100 噸市場暢銷的「××牌」水泥。在得到該公司主管的諒解與同意後，小張馬上將 100 噸「××牌」水泥交到該公司。此事過後，該公司不但沒有因為小張的失信而責怪他，反而更加信任他。

▍自信

凡事都要抱有希望，充滿自信，相信自己定能成功，這是通向成功之路的一個重要的心理素養。

有信心才會有勇氣，才會驅使你不斷追求直到成功。成功者和失敗者都曾有過許多失敗的教訓，但成功者能夠鍥而不捨，越挫越勇，終於獲得

成功，因為他們深信自己能使理想得以實現。大音樂家華格納遭受同時代人的批評攻擊，但他對自己有信心，終於戰勝世人，獨占鰲頭。

缺乏自信，常常是人們性格軟弱，晉升不能成功的一個重要原因。《聖經》中說，一個人如果自慚形穢，他就永遠成不了完人；一個時常懷疑自己能力的人永遠也不會獲得成功，而一個充滿自信的人，就會成為自己希望成為的那種人。艾科卡（Lee Iacocca）是美國乃至全世界都家喻戶曉的人物，他雖曾有過許多辛酸和苦痛，但正是他的自信使他獲得了驚人的成功，成為一個真正的強者而備受人們的稱讚。

一個人在職場的道路是不平坦的，將會面臨著各種困難，也會遇到眾多競爭對手的挑戰。所以，一方面要有自信心戰勝困難，另一方面也不要過高地估計對手，否則你會敗下陣來。要相信自己、戰勝自己，才能戰勝對手，進而才能與成功結緣。自信心是人生重要的精神支柱，也是人們行為的內在動力。

▌人格魅力

人格魅力來自於完善的人格，真誠待人則是贏得人心、產生吸引力的必要前提。真誠待人可以更多地贏得別人的信賴和了解，能得到更多的支持和合作，因而獲得更多的機遇。

霍華德說：「這是一種不可言喻的兩情相悅，他給予我們的，猶如芳香給予花兒一樣。」這話怎麼講呢？就是人人自己可修養的人格，存在於人人都具有的「不可言喻的美」的後面。

這種人格，或許是我們看見的他們的目光，或許是我們看見的他們的微笑，或許是我們看見的他們的舉止言談。如果把這些「人格」合在一起，我們便得到一個印象，一個結論：他們很得別人的喜歡，使別人對他們饒有興趣。我們在不知不覺之中便和他們接近，成為朋友。這其中，不

但我們提高了自我，而且也發展了人格，而使我們相悅，他們也亦然。

因此，可以這樣說，這些令我們喜愛的他人身上的「人格」特徵，是他人身上放射的一種魅力。許多人，無論他們的相貌是否英俊，都具有這種人格的魅力，具有令人尊敬、愛戴的凝聚力。凡具有領袖才略的人，都是這種人格的魅力使然。

即使是無趣的工作也要做好

首先，讓我們來討論工作的定義。許多人認為：所謂工作，就是一個人為了賺取薪水而不得不做的事情。另一部分人對工作則抱著大不相同的見解，他們認為：工作是伸展自己才能的載體，是鍛鍊自己的武器，是實現自我價值的工具。

日本 M 電機公司的課長山田曾表示：之所以有些員工認為工作是為了賺取薪水而不得不做的事情，是由於他們都缺乏堅實的工作觀。同時，他以一種非常遺憾的口吻回憶了他自己年輕時候的教訓：

山田先生從大學畢業進入 M 電機公司時，便被派往財務課就職，做一些單調的記帳工作。山田先生覺得自己一個大學畢業生來做這種連國中畢業生都能勝任的枯燥之味的工作，實在是大材小用，於是沒有全力投入工作；加上山田先生大學時代的成績非常優異，因此，他更加輕視這份工作。由於他的這種認知導致工作時常發生錯誤，不斷遭到上司責罵。

山田先生認為，自己假如當時能夠重視這份工作，好好地學習自己並不專長的財務工作，便能從財務方面了解整個公司，為以後的發展創造良好的工作環境。

對待任何工作，正確的工作態度應是：耐心去做這些單調的工作，以培養出克己的心智。

第二章　寫好你的金字招牌

　　即使是單調無趣的工作，也應該學習各種富有創意的方法，使該工作變得更為有趣且富有意義。

　　就上班族而言，最重要的是在年輕時代去體驗各種工作，特別是去經歷自己所不專長的工作，因而開拓自己所不擅長的能力。這是因為——在財務方面所知有限、不善處理人際關係、缺乏營業觀念和技術不精等缺點，將使人陷入難以大展宏圖的困境。

　　在當今時代，如果僅專精於一個領域，將會成為一個專業愚才，而對於一個上班族而言，就很可能會停滯在最低階層。因此，越是向高處走，就越需要能將所有的事物作綜合性判斷的整合思考能力；如果想要具備這種能力，須在年輕的時候，樂於接受自己所不專長的工作，並設法精通，這是非常重要的。在此觀念下，我們便能從日常的工作中學習到許多知識。

身體是得到「垂青」的本錢

　　在職場上要想得到「垂青」，除了具備各種知識和能力外，你還要有健康的身體。

　　身心健康是最重要的能力，也是最巨大的資本。人要是身體不健康，就會力不從心，失去思維能力和行動能力。

　　可以打個比喻，身體是個乘數，其他諸條件之和為被乘數，而其積為成功的機率。如果身體不健康，其極端值為 0；其他條件為最高值 100，因為 0 乘任何值都得 0，其積也是 0。這就是說，身體不好，縱使有天大的本事，也是枉然。

　　只有身體健康，才有旺盛的精力，才有可藉此並結合其他條件走向成功。

　　某機械廠工廠主任，年方 30 歲，國立大學畢業，不僅在技術方面在

廠裡是數一數二，管理與整合能力也相當強。

廠裡在 2003 年進行主管選舉時，他被提名為主管生產的副廠長候選人。工廠主管憐才愛才，有意提拔這位年輕的工廠主任，群眾呼聲也頗高，大家都支持他。

但在選舉的前一週，這位年輕的工廠主任卻病倒了。醫院檢查出他患有肝癌，需要馬上進行手術，且聲明手術出院後，也只能做一些簡單的工作，不能過分勞累。

結果是他不僅無緣參與廠裡副廠長職位的競爭，而且連工廠主任的位置也沒保住。

由此可見，健康的身體是人生前進道路上一個重要的保障，每一個渴望成功的人都必須珍惜和善待它。

包裝好你自己

當今社會尤其講究以包裝為特色，良好的個人形象就是一個人的包裝，它有助於自己的晉升。良好的個人形象主要包括以下幾個方面：

▌ 儀容

儀容在人際關係交往中，特別是初次交往中十分重要。一個人蓬頭垢面、衣冠不整、邋裡邋遢，這樣的「容」雖說不一定會給人家留下不好的印象，但起碼使人感到不舒服。

怎樣講究儀表以利於交往呢？眾所周知，人的長相是無法改變的。人要衣裝佛要金裝。所以，講究儀容美，實際上就是討論打扮。

一位英國美學家說：「凡是美的，都是和諧的和比例合適的。」怎樣打扮才能做到「和諧」和「比例合適」呢？

第二章　寫好你的金字招牌

- **打扮要與個人的體徵相協調**：服裝的和諧美，除了主要修補體型的比例失調外，還應從服裝的款式、色彩方面進行修補。比如，窄肩體型可著寬蝙蝠衫之類寬鬆的上衣；粗腰圓體型者，可選用套衫、開襟衫之類款式等。此外，服裝的和諧統一，還在於與穿著者的年齡、性格、職業、膚色、地區、風俗習慣等相稱。
  其他的修飾也可參照服裝。

- **打扮要與周圍環境相協調**：這裡說的環境是人際交往的社會環境，即所謂場合。場合不同，穿戴應有所區別。如果失之檢點，不僅有損儀表，還有失禮之嫌。比如，親友結婚你去恭賀，穿著就要華美，男的要刮鬍子理髮，女的可適當化妝。如果衣裳過於素淡，就與氣氛不協調。如果參加喪儀，裝束要與沉痛肅穆的氣氛相協調，一般以著素為妥，不要穿色彩鮮豔的新衣服。打扮與周圍環境相協調，才會給人一種美感。

- **打扮要符合職業身分**：如果你是教師，就要透過服飾樹立起端莊、穩重、富有智慧的形象，服裝要典雅、大方。如果你是位律師，就要透過服裝給人一種濃厚的權威感，女性切忌把自己打扮成可愛、輕佻或無助虛弱的樣子。如果你是辦公室工作人員，男性的服裝應該嚴肅、穩重，以顯示男子漢在事業上的追求；女性也不能穿過於豔麗、時髦的服裝。

- **打扮要符合部門形象**：有些公司可能對職員著裝有嚴格規定，比如西裝是男性的辦公服，女職員則必須穿職業女裝等，以此來反映良好的公司形象，你購買服裝時一定要考慮到這一點。

- **打扮要符合你的個性**：從裝束上可以看出一個人的好惡取捨、性格特徵，即所謂的「視其裝而知其人」。在符合上述要求的基礎上，你的著裝應該符合你的個性，切忌盲目模仿他人。

▌舉止

一個人的長相好，也善於打扮，外表給人的印象的確不錯。但如果這個人舉止粗野，人們就會對他（她）產生反感。

人們常說，坐要坐相，站要站相，走要走相，講的就是動作姿勢。這些「小節」大有講究必要。美的動作姿勢給人以悅目、舒適之感；醜的動作姿勢，給人以反感、厭惡的印象。

有些人貌不驚人，卻贏得人們的好感與敬意；有些人一表人才卻並不討人喜歡，固然與各自的品格有關，但其舉止是否得宜也是原因之一，有時還是相當重要的原因之一。

▌語言

語言美，就是要言之有禮。有禮的語言可以概括為文雅、和氣和謙遜三個方面。

文雅的語言，是指在社會中要學會使用日常生活中的招呼語、見面語、感謝語和致歉語。在這方面，我們已經概括為「禮貌用語十個字」：請、您好、謝謝、對不起、再見！這十個字，包括了上述四個方面，應用得好，就會給人以「有教養」的好印象。

語言的文雅還表現在語調、語氣上。同樣的詞語，可以表達不同的思想感情，即使是禮貌用語十個字也是一樣。比如，「對不起」一詞，可以表示歉意或友好的情感，也可以表示威脅或諷刺。因此，在社交場合一定要注意把語意和語調、語氣結合起來，使語調、語氣溫和、親切。

文雅的反義詞是粗俗，用語時一定要力戒。帶有流氓習氣的粗話和帶有庸俗味的俗話一定要從語言中剔除，就像不鋤掉雜草農作物長不好的道理一樣，不除掉粗話、俗話，語言是美不起來的。

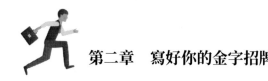

　　和氣，就是要心平氣和地同別人說話。語言和氣的中心是「以理服人，不強詞奪理，不惡語傷人」。美言一句三春暖，在美言之下如果你有什麼不對，人家亦可包涵。

　　謙遜，就是要尊重對方，多用商量、討論的口吻說話。

　　謙遜的語言，首先是「謙稱己，恭稱人」，就是要養成對人用敬語、對己用謙詞的習慣。這方面，華人的語言是很豐富的，如稱對方用「您」等等，要牢記、常用、形成習慣。其次是多用祈求和商量的語氣，不用或盡可能少用命令的語氣，遇上不得不用時，語調也應緩和，不能盛氣凌人。

人格是最大的財產

　　個人的人格魅力，完全是由對人具有深厚誠摯的興趣和發自內心的喜愛所至。把這種魅力發展起來，待人接物既可處處制勝，對人的興趣亦自然地滋長，同時，吸引人們的能力也隨之增強起來。

　　莫洛是紐約最著名的摩根銀行的董事長兼總經理，他的年收入高達100萬美元。然而突然有一天，他宣布放棄這年薪100萬美元的職位，去擔任美國駐墨西哥大使，消息傳來，很多人表示不理解。

　　就是這位大名鼎鼎的莫洛，他最初不過在一個小法庭做書記員而已，後來他的事業得以如此驚人的發展，究竟靠的是什麼法寶做後盾呢？我們想明了其中的奧祕，不妨先聽聽他的朋友是怎麼說的吧。

　　據他的摯友吉爾普特告訴我們說：「莫洛一生中最重大的一件事，就是他博得了大財閥摩根的青睞，因而一蹴而就，成為全國矚目的商業巨子，當上了實力雄厚的摩根銀行的總經理。」

　　據說摩根挑選莫洛擔任這一要職，不僅是因為他在經濟界享有盛譽，

而且更多的是因為他的人格非常高尚的緣故。

「人格」，果真這麼重要嗎？

範登裡普出任聯邦紐約市銀行行長之時，他對於挑選手下重要的行政助理，首先便是以人格高尚為遴選的重要標準。

傑弗德便是一個從地位卑微的會計，步步高陞，後來擔任美國電話與電報公司總經理的例子。他常對人說，「人格」是事業成功的最重要的因素之一。他說：「沒有人能準確地說出『人格』是什麼，但如果一個人沒有健全的特性，便是沒有人格。人格在一切事業中都極其重要，這是毋庸諱言的。」

像摩根、範登里普、傑弗德等領袖人物，如此看重「人格」，認為一個人的最大財產，便是「人格」。那麼，人格究竟是什麼呢？人格究竟是怎樣發展的呢？

對此，一位成功的企業家有這樣一段話：「拿工商界來說，我們的一生當中，沒有一天不是在做著職員。我們對我們的顧客、我們的上級以及日常接觸的人出售我們的思想、計畫、精力和熱誠。天天忠誠地做職員，這便是我們的人格所在，出售了我們的思想、計畫、精力和熱誠，這便是我們人格的發展。」

說到此，人格原來是對他人推銷自己所取得的效果的總和。假使我們善於自己出售自己，人家喜歡我們的思想和計畫，那麼我們便是具有美好人格的人。

一位有名的商店經理曾經說：「有些人生來就有與人交往的天性，他們無論何時何地，處世待人、舉手投足與言談行為都很自然得體，毫不費力便能獲得他人的注意和喜愛。但有些人便沒有這種天賦，他們必須加以努力，才能獲得他人的注意和喜愛。但不論是天生的還是努力的，他們的結

第二章　寫好你的金字招牌

果，無非是博得他人的善意。而那獲得善意的種種途徑和方法，便是『人格』的發展。」

只有健全的人格，才能獲得人們的喜愛和合作。因此，世間凡是智者賢能，常把人格的特徵極力地表現出來。

如何獲得人格的魅力？這是芸芸眾生所共求的一個目標。對此，千言萬語，只有一個重要的關鍵，那就是對別人要有出自內心的興趣。

社會上有許許多多的人，明顯缺乏的便是這種對人的興趣。其原因，不外是他們在應酬人際關係的人生舞臺上既不具備天生的人格魅力，又不去努力。他們漠視人生，這就好比是打桌球的人，不精於打，玩高爾夫球的人，不精於玩。於是，他們總是輸家，在人生的舞臺上亦然。

社會上更有一些人，每每把我們人格特性剝奪，把我們對別人的趣味減輕，將我們的不可言喻的美德窒息。如果我們受到他們的影響，而失去了我們的魅力，那便是我們的失敗；如果我們能抗拒他們的影響，把我們的魅力發揮出來，那便是我們的成功。

沒有人能強迫我們對別人發生興趣，可是我們自己應當建立起對別人的興趣。這種事情其實並不難做，只要我們多加小心，明白我們應該怎麼做，不該怎麼做，小心地與別人周旋，就能發揮我們健全人格的威力，成為具有魅力，得人善意好感的贏家。

只要我們處事不驚，應對有方，在待人接物中處處制勝，那麼，我們對人的興趣，便自然而然地滋長了；同時，我們的特性和自信心也會與之俱來。到那時，一面留心他人的人格，一面發展自己的人格，便不是什麼太難的事情。

一旦我們對人的同情心日漸滋長，人們的真正需要和感情，便可癥結洞見。著名汽車大王福特曾說過：「了解人性的最好方法，便是與人要好。」

上面所述各種吸引別人好感善意的方法，雖然比較抽象，但在日常生活中，只要我們按照它們去做，便不僅能解決我們日常碰到的難題，而且我們對人的興趣，也會因此特別濃厚，我們內心的熱力，也會因此特別緊張。這種熱力乃是個人魅力的泉源，只有這種熱力，才可使我們的策略獲得效果。

對於你所欲左右的人，對於希望對你忠誠、與你合作的人，你務必獲得他們的敬愛，而獲得他們的敬愛，全憑你人格的魅力。

堅守你的道德標準

確立你的道德標準，作為你生活倫理的指南，在你的生命航船受到誘惑的襲擊時，就不致偏離航向。

不論實行任何策略或計畫，都必須從堅實的道德基礎開始。理解這一點是絕對必要的，失去這樣一個基礎，任何一個企圖成功的人都注定要失敗。在你掌握才智的時候，你要確定明確的、簡明的道德標準，這是絕對必要的。如此一來，在你處於高度興奮的情況下，就更善於根據事先確定的並賴以生存的道德標準行事。

就成功而言，從古至今，「德」字始終在成功的道路上具有舉足輕重的地位。《菜根譚》中說道：「德者，事業之基，未有基不固而棟宇堅久者。」可見，古人是把修身立德當成了成功的基礎，如同修建高樓大廈一樣，如果事先不打牢地基，肯定不會穩固。

雖然在不同的時代，「德」字具有不同的含義和要求，但離開這個「德」字，就會離成功越來越遠，有些人已經獲得了一定的成功，由於離開了「德」字而功敗垂成。這就應了《菜根譚》中的那句話，「未有基不固而棟宇堅久者」。

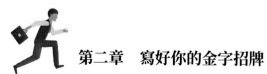

第二章　寫好你的金字招牌

　　有些無德的人不要以為有「靠山」在，便可以猖獗一時，事實上，「靠山」是保不住無德之人的。所以，即使有成功的天時地利，也不可忽略自己的修身立德。

第三章　大聲地替自己吆喝

第三章　大聲地替自己吆喝

　　你有沒有發現，現在電視廣告時間越拉越長，廣告片越做越精緻，廣告投入越來越嚇人。商家不惜血本來爭奪人們的目光，目的很明確：使你認識它，記住它，購買它。在競爭同樣激烈的職場，你身為一件商品，要做的事情和做廣告是完全一樣的。

　　儘快忘掉那些莫名其妙的老話吧！什麼「酒香不怕巷子深」、什麼「是金子總會發光的」。這些用來安慰失意者的止痛劑，居然被很多職場人士當作了滋補品。他們在阿Q精神的撫慰下，完全忘記了自己身處戰場。這樣做只會使自己被遺忘，被拋棄。

　　那些獲得成功的職業者，從來就不會停止對自己的宣傳，他們的目的很明確：被認識、被記住、被購買。他們的信仰是「酒香還靠吆喝著賣」、「是金子就趕快去發光」。很難說他們的「才能」一定比你更強，但會叫賣的一定比不會叫賣的更容易賣掉。演員、歌手、律師、經理……有誰能夠例外嗎？

　　除了不願意叫賣，更多人是因為不懂怎麼去推銷自己。因為大多數中國人從小就知道做人最好謙虛一點、含蓄一點，推銷自己是被大家所不屑的。雖然人人都知道毛遂自薦的典故，但人們好像並不欣賞他。大家更喜歡像諸葛亮那樣被三顧茅廬，覺得那樣才有面子。

　　可是細心的職業者會發現，今天他們要面對的挑戰，已經開始從「生產自己」向「銷售自己」轉移。你需要走出去、帶點微笑、張開嘴巴、勇敢而真誠地告訴別人你是誰？能為他們帶來什麼？為什麼你能？你想得到什麼？事情就這麼簡單：很多人不願開口，你開了口，你就成功了。

　　別太在乎你的面子和派頭，否則就不會有人在乎你是誰。想要證明你自己，最好先讓別人認識你、記住你，有誰會去購買他們不知道的商品呢？

　　如果連自己都不願意大聲吆喝自己，誰又會在乎你是誰呢？

善於展現自己

　　樹各有高低，人各有長短。主管欣賞的是下屬的優點和長處，而不會是缺點和短處。不少人的確或能言善道，或埋頭苦幹，但主管卻認為他們並不怎麼樣，原因就在於這些人不善於表現，不會表現自己，沒有掌握表現的學問。

　　孫威是元太祖手下很有能力又會表現的大臣。孫威擅長造鎧甲，為了引起元太祖的重視，他把自己製造的蹄筋翎根鎧甲獻上去；元太祖鐵木真親自射擊這套鎧甲，竟然沒有穿透。太祖非常高興，賜給孫威蒙古名也可兀蘭，讓他佩有金符，授給他順天、安平、懷都、河南、平陽諸路工匠「總管」的職官。孫威隨元太祖攻打邠、乾等地，表現得都很勇敢，總是英勇奮戰，一馬當先。太祖看在眼裡，喜在心裡，愛將心切，慰勞孫威說：「你即使不愛惜自己的身體，難道也不為我的鎧甲頭盔考慮嗎？」並向手下穿著孫威製造的甲盔的人問道：「你們知道我最愛的是什麼嗎？將軍們的回答都不能使他滿意。元太祖最後說：「能夠保護你們為我國殺敵立功的，不就是孫威製造的鎧甲嗎？」為表示對孫威的喜愛，元太祖把自己的錦袍賞賜給了他。

　　善於表現自己的優點和長處，既顯示出自己的專長，又展現出自己的處世能力和聰明，哪個上司不喜歡既能做事，又會「獻殷勤」的下屬呢？孫威就以自己的一技之長，加上自己的勇敢贏得了元太祖的賞識。如果他僅僅會製造盔甲，懂得造甲技術，而不自薦給元太祖，那麼他造的鎧甲的作用就可能不被人們認識，其應用也得不到推廣，孫威也只能做個默默無聞的人。可見，善於表現至關重要。善於表現自己要掌握好以下幾點技巧：

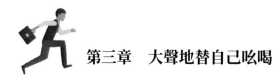

第三章　大聲地替自己吆喝

▌在上司面前要勤快，辦事乾淨俐落

作風懶散，辦事拖拖拉拉是當前有些機關單位的不良風氣。上司交辦的任務催辦多次無法完成，在上司面前表現過分高姿態，都是上司不喜歡的。

相比之下，手腳勤快的下屬更受上司的青睞。事無大小，都爭著做，搶著做，上司心目中都會對你有好的評價。

燕華是個很會表現的年輕人，大學畢業後到一個機關單位工作，部門裡的上司和同事大多是中年人，他就把打掃環境、提水倒茶等小事都包攬下來了。每天早晨總是提前半小時上班，掃地、拖地板，環境整理得井井有條；給上司和同事泡茶。等其他人來了，一切都準備得妥妥當當。不光是上司，其他同事都一致誇讚燕華工作積極，表現不錯。

身為年輕人，工作資歷淺，業務提升是必須的，但打好人際關係也同樣重要。要想獲得同事讚揚，上司賞識，小事情也要勤勤懇懇地去做，不能大事做不了，小事不願做。小事更容易展現勤快，展現扎實，更容易表現自己。

▌善於察言觀色，領會上司的意圖和潛臺詞

領會上司的意圖、讀懂上司最能考驗一個人的「悟性」。經常聽到上司說某某人「悟性好，一點就透」，也經常聽到上司抱怨某某人「不靈通，翻來覆去交代多少遍也不領會意圖」。由此可知，善於讀懂上司也是會表現的重要方面。

讀懂上司、準確領會其意圖，並非一日之功。常言道：凡事豫則立，不豫則廢。只有平時緊緊圍繞上司關心的敏感點進行思考，才能在領會上司意圖和工作思想方面有超過其他人的可能。

▌在公共場合表現自己的水準和能力，讓大家心服口服

在公共場合顯露英雄本色，是為了創造一種可比較的局面。「不怕不識貨，就怕貨比貨」，是騾子是馬拉出來遛遛就清楚了。上司平時賞識某個下屬，但又怕眾人不服氣，只有把別人「比」下去，讓人心服口服，上司才感到踏實。所以，爭氣的下屬應該體會到上司的信賴和賞識。李續賓身為曾國藩的心腹、愛將，就善於表現自己，給曾國藩爭面子，既保住了自己被賞識和重用的地位，又平息了其他將領心中的不服和妒意。

▌能謀大事，在小事上表現自己的確能獲得上司的好感但未必能受到領導的重用

真正的善於表現是能謀大事，而不在於「小打小鬧」上。所以，曾國藩讚揚李續賓時認為，入城略地、帶頭打仗並不是頭等重要的大事，對於真正有能力有水準的將軍來說，應該是胸有全局，規劃宏遠的人。

▌表現自己的優點要注意方式，不要刺激上司，要給上司一種滿足感

特別是一些高文憑、能力強的人，表現自己的優點不要與上司形成對比。如果刺激了上司，你的優點也會變成缺點，並不能引起上司的興趣。

周某在一個研究部門的確是電腦高手，但他經常在上司面前賣弄，宣傳自己的能力，對比自己能力差的人冷嘲熱諷，這位上司在電腦方面是個外行，他對周某的表現很不滿意，因而從沒在電腦方面表揚周某的成績。自己的優點再多，如果不能引起上司的心理共鳴，也只會被束之高閣。

日常生活中經常聽到一些人受到諸如「關鍵時刻掉鏈子」的埋怨，這樣的下屬同樣不會受上司的喜歡。關鍵時刻的難題最能考驗人，所以必須具備衝上去的勇氣。有些下屬確實有才能，但害怕困難，或者採取事不關

己高高掛起明哲保身的態度，因而不敢在緊要關頭站出來，自己的才能也不會被人發現。

善於掌握關鍵時刻獲得上司的信任和重視，一方面要善於發現某些關鍵時刻；另一方面也要善於把某些時刻變為關鍵時刻，善於創造關鍵時刻。一般地講，關鍵時刻主要有下列幾種情況：

- 上級派下難度較大而且影響較大的任務時，做好這樣的工作對上司而言至關緊要，下屬應當全力以赴，協助上司圓滿完成任務，不可袖手旁觀。
- 其他同事忙於某些事情，人手不足但事情卻很多時，也要多承擔任務，井井有條地把每一件事情都做得相當出色，上司自然會看在眼裡，喜在心頭，所以不要推卸責任。
- 遇到意外的突發事件，上司與大多數同事都拿不出辦法時，要冷靜、穩妥地出謀劃策，把問題解決好，表現出你有超群的才幹。
- 假如你剛到某公司工作或新調來一位主管，也是推銷自己的重要機會。
- 上司陷入逆境時，如果你能在他最需要下屬的支持和幫助時，伸出你援助的手。雪中送炭千金難買，錦上添花一文不值。

學會「曝光」自己

你以為只要努力工作，上級就會拉你一把，讓你出頭嗎？ —— 這可能遠遠不夠！

長期以來，這個思維的誤區使大量的優秀主管不能得到最大限度的發展和利用。

機會不會從天而降。上司的事情很多，像你一樣優秀甚至比你更優秀的人也很多，機會不會從天上掉到你的頭上。

要想在公司裡出人頭地，就必須引起上司的注意，巧妙地使自己成為引人注目的焦點。也就是說，你要懂得如何去「曝光」你自己！

有人將各種影響人們事業成功與否的因素作了如下劃分：工作表現占10%，給人的印象占30%，而在公司內曝光機會的多少則占到60%。在當今這個時代，工作表現好的人太多了。工作做得好也許可以獲得加薪，但並不意味著能夠獲得晉升的機會。晉升的關鍵在於有多少人知道你的存在和你工作的內容，以及這些知道你的人在公司中的地位和影響力有多大。

《財星》（*Fortune*）的副主編威爾·華盛頓說：「許多人以為只要自己努力，上司就會拉自己一把，給自己出頭的機會。這些人自以為真才實學就是一切，所以對提高個人的知名度很不在意，但如果他們真的想有所作為，我建議他們還是應該學學如何吸引眾人的目光。」

如果你現在認同了引人注意的重要性，就可能會想：「像我這樣的人不知道是不是可以吸引上司的注意呢？」答案是肯定的。但是，要抓住問題的實質，在公司中上司決定一切。所以，核心任務是讓上司注意你，不過你一定要注意方式和技巧，這是非常重要的，否則會引起上司的反感。

生命苦短，怎能經受得起默默的等待？創造機會，抓住機會，讓上司的目光投你一票才是最好的。

當然，你的上司絕不會無緣無故地注意到你，你應該主動去爭取機會來表現自己。身為主管，你應當在自己的工作部門中把工作做得盡善盡美，但也許你所從事的工作，與公司的主營業務並沒有太大的關係，因此，你的能力發揮會受很大的限制，在這種情況下，不要灰心，因為機會要靠你自己的努力去爭取。

第三章　大聲地替自己吆喝

- **適度渲染**：擔當瑣碎工作時，你不必把成績向任何人顯示，給人一個平實的印象，當你有機會承擔一些比較重要的任務時，不妨把成績有意無意地顯示，增加你在公司的知名度。這非常重要，因為上司是否會注意你，往往是由於你在公司的知名度如何。掩藏小的成績，渲染較大任務的成績，可造成名利雙收的效果。

- **勇於接受新任務**：當上司提出一項計畫時，你可以毛遂自薦，請他讓你試一試，當然，你須掂量掂量自己，以免被上司認為你自不量力。

- **不斷創新**：讓上司了解你是一個對工作十分投入的人，不僅是這樣，你還要嘗試不同的方法增加工作效率，使上司對你形成深刻的印象。一個靈活的、不死板的人總是會引人注意的。

- **不要過分謙虛**：上司未必喜歡謙虛的下屬，有時候，太過謙虛反而會吃虧。例如，當你帶領下屬完成一件艱巨的任務而向上司匯報時，一定要把自己的作用放在醒目的位置上，不要以為心有謙厚之道，以美德取勝上司就會喜歡，這是書呆子的做法。你自己不說，別人也不會提，這樣上司可能永遠不知道你做了些什麼。

- **適當的逆反**：古人云：「將在外，君命有所不受。」
  應付庸碌的上司，你是無可選擇地要採取絕對服從的態度。但是，並不是所有的上司都喜歡這樣，特別是精明幹練的上司，會對那些略有反叛但會為公司利益著想的下屬產生注意。

- **保持最佳狀態**：別以為通宵趕工，一副疲憊的樣子，會博得上司的讚賞和喜悅。在他心中很可能會說：「這年輕人體力不濟」，「有更嚴峻的任務能勝任嗎？」等等，對你的精神和體力表示懷疑。因此千萬不要令上司對你產生同情之心，因為只有弱者才讓人同情。如果上司同情你，已經表明他對你的能力產生懷疑。無論在什麼時候，在上司

面前保持一貫的良好精神狀態，這樣他會放心，不斷地把更重要的任務給你。

懂得自我推銷

在上司面前表現自己，適當的自我推銷是必不可少的，但一定要注意方法。

▌推出自信的你

一般上司都有察言觀色的本領，下屬的自信不足，不會獲得重要的工作。因此，與上司談話時要視線集中和直視他，面部肌肉自然、微笑和鎮定。許多下屬在和上司談話時，無論所談的是什麼話題，都會不自然地緊張起來。首先是聲音突然比平日高或低；面部肌肉不聽使喚，變得似笑非笑；身體語言太多，為了保持鎮定而不自覺地搖動身體，運用太多的手語。這一切，在上司看來都是缺乏自信心的表現。表現自然才會讓你的上司感到舒服，不會因為和你交談而感到尷尬。所以，你要推銷自己的自信，上司才會把重任給你，給你表現的機會。

▌推出對外關係良好的你

你需要良好的人際關係。如果公司的大客戶向你的上司讚賞你，那麼你的上司會注意你。因此，別小看接觸的任何人物，對方很可能對自己的前途有利。

▌推出有獨到見解的你

上司對一般見解聽得太多，很想聽獨特的見解。像嘗試用不同的角度看事物，得出不同的見解，再加以整理和分析，必然使你的上司賞心悅目。

但切忌過分標新立異，這樣會令人生厭。

▎推出堅強的你

也許你自知才幹只屬於一般水準，做到主管已經實屬不易，但又不甘於此，怎麼辦？向上司推銷什麼？那就是超過一般人的堅強。

如果你是男性，絕不要因任何事而動怒，甚至不提及已經過去的不愉快的事情。如果你是女性，應該永遠不在人前露戚容，不輕易沮喪，這足以讓不少人折服。

懂得推銷自我的人才能獲得幸運之神的青睞，不要以為只有求職時才需自我推銷，在任職時更需自我推銷。

犯值得犯的錯誤

人非聖賢，孰能無過？在公司中有一些完美主義者，從不希望自己犯錯，但這又是不可能的，於是乎犯了錯誤便驚慌失措或手忙腳亂。太多的平凡使生活無味，也許你應該利用自己的失誤來引起上司的注意。但切忌刻意製造失誤，那是危險的賭博。

是不是有做了幾十年工作的人幾乎沒有什麼錯誤，看起來很完美的人呢？絕對有。看看那些多年未獲升遷，一直還在原位的人吧。原因很簡單，他就像一臺笨機器似的，在那裡不停地運轉，不需加油，不需控制，也不需修理 —— 那麼，就讓他在哪兒轉吧，沒有人會注意他。工作完美的人當然應留在原位，因為再找別人來接管，可能會做不出這樣的成績，所以「留」之大吉。

其實，在實際工作中，上司不僅會注意你取得的成績，而且也會注意你犯的是什麼錯誤。人都會出錯，當然你也可以犯錯，但要盡量避免犯不

必要的錯。

　　「愚蠢的錯」大都是疏忽大意的失誤，比如說，健忘或工作不徹底。「不可避免的失誤」就不同了。比如你主管公司的財務工作，分析後你覺得美元要貶值，所以採取了相應的行動，結果美元沒有貶值。但是如果你繼續分析，就會很快從錯誤中恢復過來。全美最大的銀行 —— 花旗銀行公司的董事長約翰·里德（John Reed）就是一個例子。

　　身為花旗銀行的副總裁，里德因為建立公司的信用卡分部，使公司損失 1.7172 億美元，結果大出其名。里德的錯誤當然會引起上司的注意，但在他們眼裡，里德還是敢作敢為的人。里德毫不氣餒，極有能力地處理了危機，使這個分部最終做到轉虧為盈。

　　正因為這些，里德才能成為花旗銀行的董事長。當然，我們並不主張犯下損失上億美元的錯誤，但是你不應該犯低級的錯誤，即便犯錯也是犯開拓過程中不可避免的錯誤。這樣，錯誤大一點，可能更能引起上司的注意。但最重要的是要有認錯和改進的勇氣。松下幸之助（Matsushita Kōnosuke）對下屬說：「有時，人會犯出乎意料的錯誤。在工作中，突然間一聲：『唉呀，糟了。』就有人開始傷腦筋了。」可見，上司不會要求下屬不犯錯，相反，他會欣賞及時承認錯誤和改正錯誤的下屬。其實，能夠及時發現錯誤並改正，已是一種優秀的品德了。所以，當你發現出錯的時候，不要驚慌失措。你不妨對上司說：「我發現自己錯了，我馬上改正它。」

　　在合適的情況下，你還可以解釋原因，更重要的是今後不再犯同類的錯誤。上司會發覺：孺子可教也！

第三章　大聲地替自己吆喝

不放過每一個瞬間

美國暢銷的心靈讀物講到「命運的改變就存在於那一個個精彩的瞬間。」

有時候，你與上司會有那種極短暫的照面時間，如果你能利用這稍縱即逝的機會來表現你自己，自然也能引起上司的注意。你需要用簡潔的語言、簡潔的行為來與上司形成某種形式的短暫交流。

▌電梯之中

假如你在電梯之中遇見你的頂頭上司，毫無疑問，你的 1 分鐘表達將決定著他對你的印象，簡潔這時候最能表現你的才能。如果你在電梯中遇見了公司的老總，如果可能的話，你應主動向他問好，並表現你的修養與儀態，也許你大方、有禮、自信的形象會在他心中停留較長一段時間。

美國《生活》雜誌的總裁戈登·克羅斯將這一行為稱為「電梯語言藝術」，他說：「所謂『電梯語言藝術』是當你在電梯裡與上司在一起的 1 分鐘內所表達的包羅萬象並能形成行動的一系列的思想和事實。」

▌走廊之上

有時你所能得到的使上司聽取你意見的機會，只是你跟著他在走廊上從這個辦公室走到另一個辦公室的短暫時間，這時，你就應該十分清楚該如何最大限度利用這個機會。

約翰·考特在《總經理》一書中說到：一位下屬在上司從大廳裡正準備進自己辦公室的時候與其上司之間的談話，在隨和的氣氛中，就廣泛的話題交流了許多有用的訊息，但整個對話可以只用 2 分鐘。

看到上司在走廊上，你最少要走過去打聲招呼，問一聲好，然後用簡

單的詞彙概括出幾句對上司說些什麼，千萬不要僅僅與上司擦肩而過。

▎在酒會上

在這種社交場合，你更要製造機會讓上司把注意力投向你，哪怕幾十秒鐘都好。你可以在上司一個人的時候，舉杯向他致意，輕鬆談上幾句，既讓他感到輕鬆，又消除了他暫時的寂寞。這種交流時間要短，行動要快，這是要點。如果你能博得上司的朋友、親人或是公司重要客戶的好感，贏取他們的掌聲或是笑聲，將無疑會把上司的眼光吸引過來，這時你也應當非常紳士地對上司報以友好的一笑。

▎娛樂場所

在公司以外的各種娛樂場所，也可能遇到自己的上司，你當不失時機地與之問候，如果他需要幫助的話，你可盡力而為。

能表現你與上司興趣相投的場合是再好不過的了，你千萬不要避免讓上司看到，相反要主動迎上去，上司怎能不欣賞那些與他興趣相投的人呢？

匆匆的一遇可能決定著你的未來。你為什麼不主動出來爭取「注意」呢？

該出手時就出手

下級人員要取得上級的賞識，首先是自己必須具備一定的實際才能，先有千里馬而後有伯樂。不管如何殷勤表現，若非千里馬，也不會被伯樂看中。但在具備了一定能力後，你就不能把希望寄託在你上級是個「伯樂」上，「表現你自己」就是下級人員最重要的事。你不能整天空守著自己的一腔抱負等待某位主管的「垂青」。要想懷才而遇，就必須適時、適

第三章　大聲地替自己吆喝

當地表現自己。正所謂能幹不如會表現，「只問耕耘，不問收穫」如今有些行不通了。越是「只問耕耘」的人，就越是沒有出頭之日，因為隱沒在人群中，主管們根本無暇看到他們。於是，做個沉默者，往往便只有吃虧的份了。不少人的確才華出眾，踏實肯做，但主管卻並不認為他們怎麼樣，原因就在於這些人不善於表現自己。

上司喜歡勤快、乾淨俐落又「會來事」的下屬，身為年輕人，資歷淺，要想有所發展，必須從身邊的小事勤勤懇懇地做起，不能大事做不了，小事不願做。有時候小事更容易展現勤快，展現扎實，更易於表現自己。任何上級都希望下級能夠主動工作，積極地找事來做。身為上級主管，對某件任務下級是否有能力完成，心中並不肯定，欲叫你做，又怕你不能承擔；上級手上有一項極為艱巨的任務，又不知道讓誰去完成更好；有時候，要完成某項工作，需要衝破規則，但上級礙於他的地位，又不能明說，這種工作不好向下交代。在這些時候，有能力的下級，要想有所作為，就應抓住這些能表現自己才能的機會，大膽進取，主動請纓，同時明確你的權限，配合上級把工作做好。

1982 年，英國與阿根廷為爭取福克蘭群島（Falkland Islands）爆發了一場戰爭，英國派出艦隊司令伍華德（John "Sandy" Woodward）少將。在臨行前，英國首相柴契爾夫人問他需要什麼時，他答道：「權力」，「希望戰時內閣不要干涉我們的軍事行動」。柴契爾夫人回答：「我授予你除進攻阿根廷本土以外的全權。」結果在整個戰爭中，由於首相及內閣沒有干涉伍華德的行動，所有的策略計畫、作戰方案、進攻地點和時間都由伍華德一手制定，保證了突擊的絕對機密性和機動性。

同樣在戰場上，登陸指揮官摩爾臨行前也向伍華德要求「權力」，「希望你給予我調整行動的最大機動權。」得到同意後，英軍登陸發現阿

軍已成驚弓之鳥，摩爾立即放棄了伍華德穩紮穩打的戰術，採用蛙跳戰術，直赴阿軍主力聚集地，使阿軍措手不及，只好投降。

戰後，伍華德和摩爾的這種做法得到了廣泛的讚賞，他們的聲譽也因之大增。試想，如果英軍指揮官沒有勇氣要求「放權」，要求獨立承擔責任，那麼，事事請示匯報，行動猶豫不決，耽誤了戰機，最後導致失敗，則不僅柴契爾夫人會面臨一片輿論壓力和指責，伍華德和摩爾的前程也會由此斷送。

所以，有機會你應主動請纓，不要怕向主管「要權」，只要是為工作著想，從公司整體利益出發，主管是樂於「放權」給你，讓你有自由發揮的餘地，這時表現你的舞臺已經搭好，你就可盡情地施展你的才華。

關鍵時表演一點絕活

別錯過表演自己的機會，抓住一次就可能成為主角。

在體育界、演藝界和商業界，某某人一舉成名的事情是司空見慣的，他們的事跡會透過媒體迅速傳播，繼而成為一類人的偶像。隨著個人知名度的提升，接踵而來的就是大把的機會。說實話，這的確是條捷徑。因為一次機會能夠輕易地帶來更多機會，這就不難理解為什麼在同樣的行業裡，有些人平步青雲，有些人舉步維艱了。

身處職業賽場的人，也需要機會讓自己一戰成名，這是一個在「速食」年代出人頭地的最佳策略。你就像一個雄心勃勃的「板凳隊員」，隨時準備著教練的召喚，一有機會出現，就會不毫不猶豫地衝向賽場並且不辱使命。成為某個行業的偶像並不是白日夢，關鍵是為每一次可能出現的機會做好準備，絕不錯過任何一次表現自己的機會。

湯姆・克魯斯在演出《捍衛戰士》（Top Gun）之前，只能在好萊塢

第三章　大聲地替自己吆喝

扮演一些小角色，有些甚至連一分錢片酬都沒有。導演們拒絕他的理由是：不夠英俊、皮膚太黑了、演技太幼稚等等。然而，這些在今天都變成了笑話。另外，像喬治·克隆尼在演出《急診室的春天》（ER）之前、金凱瑞在演出《摩登大聖》（The Mask）之前、尼可拉斯·凱吉在演出《遠離賭城》（Leaving Las Vegas）之前，他們都不得不努力地去扮演各種小角色。絕不錯過任何機會的做法，使他們最終都變成了好萊塢的票房保證。

如果你正在為缺少表演機會而鬱悶，或者因為總是扮演一些小角色而心有不甘的話，請你相信這只是個過程。事實上，在你的公司裡根本就沒有什麼「小角色」，只有那些自己看扁自己的「小人物」。只要你願意，會議、培訓、提案……公司的任何一項日常活動都能成為你表演的舞臺。當那些「小人物」遲疑、退縮的時候，你應該信心十足地說：「我可以表達自己的想法嗎？」「讓我來試一試吧！」「我相信我能做好！」

如果對自己的能力還沒有信心，那就埋頭苦練，什麼都別說。如果認為缺的就是機會，那就努力演好目前的角色，使自己擁有每次都做到最好的習慣，直到成功的那一天。

第四章　拉近與上司之間的距離

有必要與上司親近一點，讓上司把你當成朋友，這樣你「跟人」的勝算自然會加大。

究竟如何拉近與上司的距離？這種距離是否越緊密越好？這兩個問題值得身在職場的上班族細細考量。

領會上司的意圖

一個人在一般情況下不會輕易將他的真實意圖直截了當地表達出來。身為上司，也是如此。很多時候，上司的真正意圖需要下屬經過仔細考慮揣摩去做，其中的原因是多方面的。有一種情況是，上司礙於自己的地位，不便隨便表態，但傾向性意見已不難忖度，這時你應該比較乖巧，不能強迫上司明確表態；另一種情況是，上司需要助手幫腔，一個唱黑臉，一個唱白臉，一齣戲才能演好，這時你就不能附和上司唱一個調子；還有一種情況是，上司還沒有拿定主意，但迫於形勢只好模稜兩可地敷衍幾句，這時你就得沉著穩重，私下找上司商量，不要貿然行事。

總之，你在平時就得深入觀察，仔細揣摩，熟諳上司的習性，這樣才能正確地理解上司的意圖。否則，在你具體執行過程中，就會發生很大偏差，甚至南轅北轍。與上司的想法完全背道而馳，你將會吃力不討好，陷入十分尷尬的境地。

下屬如果不能正確理會上司意圖，就更談不上貫徹上司的意圖了。某設計院的徐院長是一個全國模範，他重用年輕人、提拔年輕人的優秀事跡得到了各種媒體的大力宣傳。但當他想到明年自己此屆院長任期快結束之時，就感到很為難。他本身希望能再任一屆院長，把他此屆任期沒有完成的設想都實施完成，而他自己也知道，只要他不提出辭去院長職務的請求，誰也不會接替他的院長職務。但這又和他留給別人的「培養年輕人、

提拔年輕人」的形象相違背。他希望自己如果提出辭去院長的職務後，會有很多人挽留他再任一屆院長，並說出沒有你任院長，我們的設計院會受到很大的損失，你連任不連任院長不是你個人的事，而是關係到我們的設計院能否成為「全國優等」之類的話來。徐院長首先將自己不再擔任下一屆院長職務的想法告訴給人事處長，人事處長聽完徐院長的話後，覺得自己發揮伯樂才能的時機來了，就向徐院長分析了新任設計院長必須具備的五大條件，並就設計院內的四個可能人選的優缺點以及他們當上院長後對設計院的影響做了深入的分析，還提出了如果請一個院士來當院長，又將是如何的情形等等。根本未提及請院長留任問題。徐院長聽完人事處長的談話後，果真像人事處長期望的那樣，表揚了他是一個工作認真的人事處長。但後來其和人事處長談話時，徐院長再也不提他不再任下一屆院長之事了。一次，徐院長和設計院祕書長談及他不再擔任下一屆院長以及想讓年輕人當下一屆院長時，祕書長馬上就說出諸如「沒有您就不會有成功的設計院，年輕人的提拔還是再緩一緩比較慎重些」之類的話。後來，徐院長便時不時地在祕書長在場的許多小型會議上，談出自己將不再任下一屆院長的想法，祕書長馬上就將自己講了好多遍的勸說詞再重複一遍，周圍的同事見徐院長不是特別的反對，便也都說希望徐院長無論如何一定要再當一屆院長。

徐院長連任院長之後，就將祕書長提為副院長，主管全院的人事、財務、基礎工程等，至於工作認真的人事處長則調任保衛處長。

正確領會和實現上司的意圖，通俗地講，就是做上司肚裡的蛔蟲，這是好下屬的重要標誌。如果說話辦事違背上司意圖，那就可能「吃力不討好」，把事情弄糟。通常所說的上司意圖，是指上司個人、領導團隊或領導機關在指導其下屬組織實現目標的過程中，透過文字或口頭下達的命

第四章　拉近與上司之間的距離

令、批示、決定、交辦意見等。這些都需要下屬用心去理解、體會，有時還要向上司當面詢問、請教。

▎徹底領會和理解上司的行動方針

當上司客氣地對你說「好好做，公司的未來要靠你們了」時，你的回答可能只有簡單的一句話：「我一定加倍努力，把工作做好。」回答雖然如此簡單，但事實上卻要複雜得多。首先，你就必須弄清楚要做什麼？為什麼要做？做到什麼時候？做到什麼程度等等。再以上司和下屬的意見以及自己的經驗為基礎，將上司的方針、思想和思考方法等做出歸納，然後站在上司的立場上考慮問題，安排自己下一步的工作。

▎認識上司的人格和行為

上司也是人，如果離開了上司職位，他和一般人毫無兩樣。身為下屬，要從正常人的角度去觀察、看待上司，對上司要有一點寬容，不必要求上司一定要人格高尚、出類拔萃，對上司所犯的小錯誤，可以視而不見。

▎理解上司對下屬的期待

完成上司布置的任務時，一定要上下合作，齊心協力地來做。從這一點看，要成為上司得意的下屬應該是能夠充分地理解上司的要求和期望，創造出出色業績的下屬。

▎掌握上司的工作方法及特點

人有各種各樣的性格，上司處理問題的方法也因人而異。比如聽取下屬匯報的時候，有些上司要求用口頭匯報，有些上司卻要求寫出書面資料；有些上司重視按規章和制度辦事，有些上司卻注意人情和關係；有些

上司辦事乾淨俐落，非常果斷，但有些上司卻非常慎重，走一步看一步。身為下屬，必須抓住這些特點，積極地適應，而不能對上司的做法妄加議論。這一點是打好上下級關係的訣竅。

▌摸清上司的好惡及對問題的看法

好惡之分雖是主觀的東西，但上司既然也是人，就不能超脫各種情緒，比如喜歡聽的話就容易聽得進去。下屬平時要摸清上司愛聽些什麼，倘若匯報工作時，插入一些上司平日喜歡使用的詞，就會讓上司另眼相待。同時，要透過上司的言辭，充分領會上司對問題的看法，上司絕不會粗暴地對待為他帶來愉快的下屬。

封倫本來是隋朝的大臣，隋朝立國不久，隋文帝命令宰相楊素負責修建宮殿，楊素任命封倫為土木監工，將整個工程全交給他主持。他不惜民力，窮奢極侈，將一所宮殿修得豪華無比，一向以節儉自我標榜的隋文帝一見不由大怒，罵道：「楊素這老東西存心不良，耗費了大量的人力和物力，將宮殿修建得這麼華麗，這不是讓老百姓罵我嗎？」

楊素害怕因這件事丟了烏紗帽，忙向封倫商量對策，封倫卻胸有成竹地安慰楊素道：「宰相別著急，等皇后一來，必定會對你大加褒獎。」

第二天楊素被召進新宮殿，皇后果然誇讚他道：「宰相知道我們夫妻年紀大了，也沒什麼開心的事了，所以下工夫將這所宮殿裝飾了一番，這種孝心真令我感動！」

封倫的話果然應驗了。楊素對他料事如神很覺驚異，從宮裡回來後便問他：「你怎麼會估計到這一點？」

封倫不慌不忙地說：「皇上自然是天性節儉，所以一見這宮殿便會發脾氣，可他事事總聽皇后的，皇后是個婦道人家，什麼事都貪圖華貴漂亮，只要皇后一喜歡，皇帝的意見也必然會改變，所以我預料不會出問題。」

楊素也算得上是個老謀深算的人物了，對此也不能不嘆服道：「揣摩之才，不是我所能比得上的！」從此對封倫另眼看待，並多次指著宰相的交椅說：「封倫必定會占據我這個位置！」

　　可是，還沒等到封倫爬上宰相的位置，隋朝便滅亡了，他便歸順了唐朝，他又要揣摩新的主子了。有一次，他隨唐高祖李淵出遊，途經秦始皇的墓地，這是一座連綿數十里、地上地下建築極為宏偉、墓中隨葬珍寶極為豐富的著名陵園，經過楚漢戰爭之後，地上建築被破壞殆盡，只剩下了殘磚碎瓦。李淵不禁十分感慨，對封倫說：「古代帝王耗盡百姓、國家的人力、財力大肆營建陵園，有什麼益處！」

　　封倫一聽這話，明白李淵是不贊同厚葬的，這個曾以建築奢侈而自鳴得意的傢伙立刻換了一副面孔，迎合地說：「上行下效，影響了一代又一代的風氣。自秦漢兩朝帝王實行厚葬，朝中百官、黎民百姓競相仿效。古代墳墓，凡是裡面埋藏有眾多珍寶的，都很快被人盜掘。若是人死而地知，厚葬全都是白白地浪費；若是人死而人知，被人挖掘，難道不痛心嗎？」

　　李淵稱讚他說得太好了，對他說：「從今以後，自上至下，全都實行薄葬！」

　　從這個例子中可以看出，一個善於了解上司意圖的人，不僅要了解上司的心理、稟性、好惡，還要了解他所處的環境及人事關係，這樣，不僅能先行一步，還能做到棋高一著。

▌理解上司的處境，體會上司的心情

　　有些事情必須由上司做出決定，而上司優柔寡斷時，他往往想徵詢下屬的意見。當你感覺到上司處於這種境遇時，就可以對上司說：「我有這樣一點想法，您看如何？」此時，他定會耐心傾聽。假如你的意見被上司採納了，你就會得到他的喜歡。

做上司的往往希望在下屬的工作中表演一番,當下屬的要體會這種心情,要為上司登臺表演創造機會,盡量滿足上司的這種心理。比如,在一件任務已接近完成,下一步就能達到預定目標的重要時刻,要請上司出馬。如果你能準備出這樣的場面,則上司對你的評價一定會提高。

▌ 理解上司的難處

上司確實有很大的權力和自主的餘地,但是,他還有很多難處。上司常常為下屬不努力工作而著急;上司同時也有主管,往往要兩面受氣;一旦工作失誤,責任重大等等。但出名、晉升等等肯定還有相當的魅力,即使有人口頭上說「不為做官出名」,其行徑卻常常與此相反,做下屬的做到心中有數就行了。

做到了以上幾點,你就成為上司肚裡的蛔蟲了。

關心主管的生活

喜歡別人關心自己的生活狀況,這是人之常情,主管也不例外。比如主管遇到高興的事 —— 子女考上大學,提薪提級,搬了新房等等,心裡一定想找人誇耀一番,而如果遇到憂愁煩悶的事,也想找個人傾訴。下級在上級高興之時能夠表示欣賞贊同,在主管憂煩之時表示同情,正是所謂「同甘共苦」,這樣和上級的感情聯繫必將加深。一般人遇到喜怒哀樂的事,都不願悶在心裡,而希望與朋友同喜同樂,共解哀愁。下級如果對上級能做到隨時關心,那麼上級自然會在心中將你當成朋友。

要希望上級「親近」,下級自己首先必須採取熱情的態度。「熱情」有極大的感染力,你關心別人,別人才會關心你。對於上級工作上的困難、生活上的困難,下級若能熱情地關心,想方設法排憂解難,上級自然

會樂於與之交往，也同樣會關心這樣的下級的工作和生活。

　　如果你的主管身體健康，精力充沛，在工作上也頗得心應手，部門內的人都認為，他很有前途。可是，假定有一天，他顯露出悲傷的臉色，很可能是家中發生了問題。他雖不說出來，一直在努力地抑制，可總會自然而然地在臉上流露出苦惱的表情。對這位上司來說，這實在是件很尷尬的事，為了不讓部下知道，表面極力裝得若無其事。午餐後，他用呆滯的眼神望著窗外，此時，他帶著迷惑惘然的臉，已失去了朝氣。你對這種微妙的臉色和表情之變化，不能不予以注意。你應由你所想像出來的事，找出主管真正苦惱的原因，並對他說：「科長，家裡都好嗎？」以假裝隨意問安的話，來開啟他的心靈。

　　「唉！我太太突然病倒了！」

　　「什麼？你太太生病了！我怎麼一點都不知道？現在怎麼樣？」

　　「其實也不需要住院，醫生讓她在家中療養。」

　　「別擔心，你太太一定會好的，我去看看她，公司或您家裡有什麼事儘管吩咐，我這些天都有空。」

　　「謝謝……」

　　相信這時你的這位主管一定對你的關愛與細心，深表謝意，而且他還可以藉此一吐心中的苦惱以緩解心裡的壓力，或者真的請你幫一個小忙，經過此番交流，相信你們的感情會增進一大步，他一定會記住你對他的關愛並會對你特別關注。

　　在人性最脆弱的時候去安慰他，這才是當部下的人應有的體諒和善意。上級由於悲傷，在心靈上呈現出較脆弱的一面，我們不應再去刺激他，而應當設法讓他悲傷的心情逐漸淡化。上司的苦惱，在尚不為人知曉前，自己應主動設法了解，相信你的這份善意，即使是「鬼」也會受感

動的。

　　當然，上下級間能有如此友誼的人並不多見，但你要記住，你的上級也是人，他也需要人性的關愛與照顧，只要你真心地把他當朋友，那麼他也會給你真誠的回報。但同時要注意，下級與上級的交往畢竟還是有顧忌的。不能喪失自尊像個跟班似的跑在上級後面，大事小事都隨聲附和，連上級不願人知的隱私也去刺探，甚至為表示親近關係還四處張揚，或者是不看別人臉色，到別人家裡一坐就是半天，喋喋不休，占用上級已安排好的時間。這些交往的分寸若不掌握好，成為「黏黏糊糊」的人，在上級面前會很不受歡迎。

讓上司了解你

　　一位作者曾在報紙上發表過不少稿子，後來，他應徵進了一家報社。出乎意料，總編先讓他去當校對。他覺得大材小用，工作漫不經心，文稿疏漏之處不少。

　　其實，總編想讓他先做一段校對，熟悉一些新聞業務，再讓他當編輯的。見此情況，只好作罷。這位作者做了一年半校對之後，對總編說：「怎麼不讓我當編輯？」總編反問：「你連校對都當不好，怎能當好編輯呢？」

　　他之所以失敗就在於他不懂得人們識才是一個過程，表現才能也是一個過程。

　　在體育競賽場上，教練不會輕易地把主力隊員的位置留給一個剛剛加入的新人，新運動員開始只能坐冷板凳，當替補隊員。只有到了比賽勝負已定的時候，才能讓新人上場去試一下，這是對他的鍛鍊和考驗。

　　一個員工要表現自己的才能，表現出他足以擔當大任之前，是很不容易得到重用的機會的。怎麼辦呢？機會必須自己創造，要耐心地等待。

第四章　拉近與上司之間的距離

你可以採取以下辦法：

平時認真完成上司交代的每一項任務，不論這些工作是多麼平凡、細小、微不足道。其實，上司也會利用一些小事鍛鍊和考驗員工。每一件小事都做得很好，上司就會確認你有一定的能力，並且認為你踏實、可靠，不是那種華而不實，好高騖遠的員工。在適當的時機，就會交給你一定的重任。

上司不喜歡那種大事不會做、小事又不做、華而不實、好高騖遠的員工。一個員工讓上司造成了這種糟糕的印象，就難以得到重用了。

在關鍵時刻，當需要有人挺身而出勇挑重擔時，若你相信自己有能力完成時，你就應當勇敢地站出來「毛遂自薦」。這時，最需要的是果斷、勇氣和信心。

一般來說，在有見識的上司手下，有才能的員工總會得到重用而大展宏圖的機會。

如果你所在的公司存在許多問題，人際關係複雜，工作死板，運作機能不協調。而你真的覺得這種狀況很使人憂慮，當上司向你詢問你對公司的感覺時，你乾脆就不客氣地向上司提出你的意見。這並不是說要你指出上司的缺點，而是提出為了公司的發展的建議。當然，上司會仔細考慮你的建議，他若是個有心人，一定會採取你的提案。即使不能全部地接受你的意見，也會採取其中一部分建議。所以，你要不斷地發現公司存在的問題，提出有效的建議。

最不中用的職員是對什麼事都不關心，對什麼事都不感興趣的職員。因為只有關心、感興趣，你才會對工作認真，有建樹。如果每天只做一點工作，沒事時就耗時間，反而說：「大家為何都這麼認真呢？到底他們為什麼會那麼有興趣呢？大家都是為了生活而工作，這怎麼會有意義呢？」

這種人是不求上進的人。

「你是你,我是我,大家互不相干。我認為這樣想真無聊。」這種表示是虛無主義態度的人,是個懶惰蟲。當一個員工對公司的工作不關心或沒有興趣,就表示他對自己本身的生活也不關心。

假如對工作失去了興趣和關心,那就是個消極的人,這種人最好還是辭去現有的工作,去尋找能使自己感興趣能予以關心的工作,這樣對自己或別人都有利。身為一個員工,最起碼要對自己的工作或職業場所,提出一些建議,認為「應當這樣做」,所提出的是積極的建設性的言論。

若你是個有時也有些意見,卻認為「提出來也沒有用,反正上司不會採用」的人,覺得是自找麻煩而自我逃避的話,那你就是個缺乏勇氣的人。

假如你想在這家公司做下去,並希望它更加發展,那你就一定會發現,「這樣不行,這一點一定要這樣改」等等的問題。為了使公司更為健全,更為壯大,你應向上司提出建議與感想。公司很期盼這種具有熱忱的員工,這也是讓上司了解你的窗口。

任何事都應當循規蹈矩,如果不按軌道行駛則會出軌翻覆。所謂「軌道」,就是提出意見時不要有損於上司的尊嚴,這才是應有的「軌道」。還有,不要強調自我的私怨,這也是一種「軌道」。

比如,提案時不要讓你的上司因你的提案,而感到失去面子。還有,不要讓你的上司以為,「這傢伙只是為了自己的私慾,才提出這個建議。」能做到以上兩點,上司極有可能採用你的意見。當然,你本身的工作也要有較好的表現,以得到上司的肯定為前提。而不向上司提出建議的人,一定不易得到上司的了解,更不會有所成就。

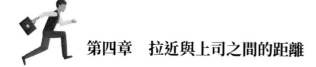

第四章　拉近與上司之間的距離

讓上司表揚你

　　在生活中你獲得的最大榮譽來自於工作，因為那種特殊的榮譽只有特殊的人才能得到。我們不能希望在生活中出現特殊的事情，那是因為特殊的事情需要付出特殊的代價，而這種代價有時需要用生命來償付。

　　就像培根所說的那樣：「臣民的榮譽可分等級如下：第一等是『為主分憂之臣』，就是那些君王特別倚重委以重任的人，我們稱他們為『君王的左右手』。第二等是『統兵大將』，即偉大的軍人領袖，在軍事上能獨當一面的人。第三等是『寵幸之臣』，比如能慰藉君王而不危害人民的人。第四等是『能臣』，就是身居高位而能恪盡職守、充分發揮作用的人。還有一種榮譽，可列入最高等的榮譽之中，但是很少見，就是為了國家的利益去冒重大危險直至捐軀。比如雷古盧斯和德西父子便享有這樣的榮譽。」

　　培根雖然是舊時代的人，但是，他的榮譽觀在今天依然具有一定的意義。一個人的榮譽來自於他在社會上所處的地位和職務，因此，勤奮工作是我們贏得榮譽的基礎。

　　而我們的工作崗位以及工作成績的認可主要由我們的上司決定。因此，能不能贏得上司的表揚就決定著我們能不能獲得榮譽。

　　怎樣才能獲得上司的表揚呢？

- **靠整潔的衣著**：衣著不整，常常是一個人的行為方式缺乏條理性的表現，給人一種拖泥帶水之感；衣著不得體，一般反映了一個人在審美情趣方面的欠缺，給人一種涵養不高，舉止粗俗的印象，讓上司看了，自然沒有愉悅感。所以，與上司初次見面，要服飾整潔、得體、莊重，以便在視覺上給上司和同事留下一個好的印象。

- **靠自己的行動**：有些員工在上司面前表現出手勤、腳勤、腦勤、嘴勤，給上司幫忙不少，因而得到晉升機會就多。

- **靠美德**：身為員工，你必須表現出謙虛的氣度。這種謙虛是發自內心的真誠的謙虛，只有謙虛才能「使人進步」。只有對別人或自己實事求是的評價，才能取人之長，補己之短，否則，只會故步自封，成為落後者。

- **要了解上司的心思、性格及工作作風與習慣**：所謂投其所好，就是你要能知道上司的所好，這樣你就能得到上司的賞識和表揚。

你能不能一步一腳印地實做，除了要有核心競爭力外，與上司的關係是你成功與否的關鍵。

走上社會的第一件事就是要獲得上司的賞識。只要獲得上司的賞識，獲得上司的讚揚，就會提高你自己的信心，你就會更加努力地去工作，不斷地取得成績，你會不斷地受到上司的表揚，你的人生將進入到一種良性的循環之中，你就會一步一步地向上攀升，甚至你會獲得更大的榮譽，達到你的人生夢想。

同時，你還要記住，一個人不可能永遠獲得上司的表揚，有時候，你會受到上司的責備與批評。

對工作不熟練的新員工，或是一般員工，在接到困難的工作時，往往難免會有失誤。有失誤，當然免不了受到上司的責備。「喂！你能做什麼？」「這傢伙！真沒辦法！」「這傢伙！真不中用！」等等。像這樣毫不客氣的責罵、怒斥、嘲笑等，都會接踵而至。你會認為很丟臉、很難堪，甚至感到很悲傷，於是「你為何這樣說呢？」「我已經很後悔了，你還罵個不停！」「真是過分！」「唉！」「真討厭！真沒意思！」「哼！你只是會說，實際上你又比我強多少呢？」一個接一個的牢騷由心底發出。

第四章　拉近與上司之間的距離

　　相信大家都會發出這種牢騷，沒有人會覺得挨罵是件舒服愉快的事。誰都自認為自己最可愛，而很少有人會認為自己不好。

　　然而，對不得不承認的失誤，自己心中也會清楚。失誤愈大，懊惱之情也越大，有時甚至會難過許久。老實說，只要是有經驗的上司，在此時都盡量不去責備犯錯者。而一些小過失，上司反而會斥責，這是因為他不想讓你再重蹈覆轍。很少有人會碰到大石頭而跌倒，大多數人都被小石子絆倒過。因此，小的錯失就應該多責備，這樣才會加以警戒，多加注意而不再犯錯。

　　為什麼對大的失誤，上司反而不責罵呢？因為犯此失誤的人，他自己心中已經十分懊惱，且在自我反省之中。因此，在這種情況下不要去責罵他，只要提醒他注意就可以了。

　　員工也較能接受，並覺得：「我真不應該，實在很對不起。」同時心中暗自起誓：「我再也不犯這種錯誤！」

　　一個缺乏經驗的上司，常常會因部下的過錯而大為發怒，甚至員工犯大過錯時，怒責道：「你這個混蛋！」在此情況下挨罵的員工，不僅不會反省，反而會加以反抗，心中駁道：「又不是只有我會犯錯，別人也一樣，只是別人犯錯時沒被你發現而已。」以此方法來自我辯護。這麼一來，上司的責罵就一點效果也沒有。

　　事實上，大部分的上司，還是會經常地責罵員工，這是因為他要設法保持自己的面子和尊嚴。當上司在別人的面前罵員工時，並非是單純地因想罵而罵，而是考慮到他的立場才罵的。

　　他們是想讓人知道：「我這麼嚴厲的罵他，相信他以後不會再犯錯吧？」他認為若不在人前斥責部下，會讓別人誤以為自己放縱部下。當上司被別人認定自己放縱部下，那是很難堪的。

　　你該了解，上司也有他的立場。當執行任務失敗時，即使你有充分的理由，也不要辯解，只要低著頭說：「對不起！」表示歉意。這樣，上司才會覺得他罵得有意義，而你也才算是聰明的人。當然，上司事後也會覺得：「唉！他也很值得同情，本來並不想這樣罵他的，也想不到他會這麼乾脆的俯首認錯。」

　　另外有一種上司，是採取擺架子的罵法。他喜歡在罵員工當中，顯示自己的優越感，當這種上司的部下，實在不幸。這時，你乾脆放寬肚量，心想：「你既然要擺架子就盡量擺吧！」上司罵完了之後，自然也擺足了架子，滿足了自我優越感。如果批評你能承受住了，相信表揚離你也不遠了。

讓上司賞識你

　　對待員工，上司善於從小處入手贏得員工的信賴，因而創造工作的協調一致，取得成績；有些採取嚴格管理，加強紀律觀念，凡事以事為本。上司的類型不同，員工得到的利益也就不同，獲得的獎賞也不盡相同。身為前者的下屬，你不必過多地考慮你的獎金、職位、培訓，這些該是上司考慮的問題。而對於後者，你就不得不適當地表現表現，以便使上司認知到你的重要。小王是某市政府祕書處祕書，工作一向積極，隨叫隨到。看到其他主管的祕書都配備了手機，心裡一直抱怨主管，但又不敢直說，只好繼續「任勞任怨」的工作。這位主管由於工作表現傑出，被升為地區級主管。在主管離開時對小王說：「把你的手機號碼給我，到時我有事打給你。」小王回答說沒有，主管一臉驚訝：「我以為他們早就給你配了呢。」第二位主管到來之後，小王採取了新的對策，經常不在辦公室，主管找不著，急得團團轉。不久，小王被開除了。

第四章　拉近與上司之間的距離

因此，我們不得不思考這樣一個問題，怎樣向上司提出自己的要求才會不遭到拒絕呢？

首先要分析上司是那種類型的，其次是決定採用的方法，對於關心細節的上司，可以淺點即止，上司的悟性是很高的。對於那些只關心工作的上司，採用遠離法，使其找不到，自然而然就想起你的聯繫方式，問起時再適當提出自己的要求。那樣，不至於使上司認為你是故意的。

小王所做的事情對於第一位上司來講是缺少促其覺醒的手段，而第二次是操之過急，剛剛上任就向上司提條件，當然遭到上司的報復。

對於那些不是關心，而是應該由相關部門依照程式辦妥的事情，應該主動提出，爭取自己的權利。對於一些工作一本正經的上司來說，提出適當的合理的要求上司會給予考慮的。

某項目部門剛剛獲得晉升的主任工程師，文件已經下來了，人資部門卻遲遲未動，問時，回答說：「需要上司認可。」這位主任工程師向上司匯報工作時裝作偶然提起：「我前天在人資部門看到我的薪資，好像還是那些錢，沒有變化呀。」「是嗎，按常理人資部門接到任命文件就應當按照這一級別去執行，好，這事我疏忽了，一會兒問一下。」

向上司展示自己的成績是無可非議的，但是要講究方法，講策略，若盲目地去邀功求賞，不但達不到自己的目的，還會使上司產生反感，「偷雞不成蝕把米」。

小劉在一家電腦公司工作，由於他工作認真，小事大事都搶著做，而且常常主動加班，他所在部門因為他的表現而在業績上有很大進步，上司先是為他加薪，又對他以及他所在的部門加以表彰。

那段日子裡，小劉的確是非常出風頭，可是沒有半年的時間，他卻被炒了魷魚。事後，有人透露說，這都是由於他太邀功了。有一次在部門的

總結大會上，小劉發言說：「我的成績大家是有目共睹的，成績的取得就在於我喜歡走一步想三步，這是我的最大優點，我凡事都不會只看表面現象，遇事總愛多問幾個為什麼，這就是我的性格。」

如何向上司邀功呢？

首先是採取恰當的方式：向上司匯報的方式是最好的，透過匯報，不但能表達你對他的敬意，並且會使他充分地了解到你在工作中造成的作用，到底分工不同，有分工就會想到擔當的責任不同，因而達到邀功的目的。你若要求受到獎勵，就會涉及相應的分配問題，也會使上司認知到你的功勞。

其次，邀功時不能忘記所有的事情都是大家共同努力的結果，把大家的功勞擺在前面。在總結時要加上「在上司的支持下」，「在同事的幫助下」等此類的話語。太多的自吹自擂會使上司覺得個人主義突出，不利於團結。甚至心眼小的上司會認為你要比他高，認為你不得志。

第三，言語要謙虛，縱使在心裡瞧不起所有的人，也不要得罪所有的人。眾口鑠金，邀功過分，將會孤立無援。

有些人苦於與上司接觸的機會不多，不能給上司留下深刻的印象。其實，正因為機會不多，才更應該珍惜，多給上司提供一些有利於自己的訊息。

匯報工作，這是最名正言順的與上司接觸的機會。許多人並沒有重視這種機會，他們認為把工作做完，交給上司就萬事大吉了。的確，在這種情況下，上司不會找你的麻煩，但也記不住你的特色。有一個員工，在同一個職務上做了好幾年也沒有獲得升遷。他反省了自己的得失，最後想出了一個辦法：他在交給上司的報表中，似乎是無意地夾入了一張便條，上面寫著他對本部門工作的一些建議。上司在翻閱報表時，便條掉了出來，

上司撿起便條，越看越驚奇。

一會兒，他去敲上司辦公室的門，臉色通紅地說：「對不起，我把自己的一件東西錯放到文件中了。」

「我已經看了，你的想法很好呀！」上司熱情地和他交談起來。他是有備而來，必然說得頭頭是道。最後上司決定升任他為某個地區的副理。

向上司匯報工作是展現自己才華的機會，也是向上司了解各種訊息的機會。一般來說，即使和上司相處只是短短的幾分鐘，也能從上司的表情、話語中得到一些有用的消息，如上司對你的態度，對目前公司處境的態度，對下一步工作進展的預測等等。

相反，不重視這種機會，不僅失去了許多與上司交流的機會，還可能讓小人有可乘之機。大偉在一家日資企業工作，上司要求他們每週交一份工作總結。有個同事十分「熱心」，每次都對他說：「我正好去辦公室，就順便幫你交了吧。」

大偉屬於絕無心計的人，便連連道謝著答應了。半年之後，大偉才知道，他的同事在每次交報告時都對上司說，大偉那份報告也是他做的。

記住，當你是一個地位低微的小員工時，當你的上司似乎高高在上，難以接近時，尤其當你找不到與上司交往的途徑時，你可以從向上司匯報工作開始。

會做＋會說

一般來說，任何一個上司都比較看重兩件事：一是他的上司是否信任他；二是他的下屬是否尊重他。身為上司來說，判斷其下屬是否尊重他的一個很重要的因素，就是下屬是否經常向他請示匯報工作。心胸寬廣的上司對於下屬懶於或因忽視而很少向其匯報工作也許不太計較，會認為也許

是工作太忙，沒有時間匯報，也許是本身就是他們職責內的事，沒必要匯報，或者是我這段時間心情不好，表現在言談舉止上，他們怕來匯報等等。但對於心胸狹窄的上司來說，如果出現這種情況，他就會做出各種猜測：是不是這些下屬看不起我啦？是不是這些下屬不買我的帳啊？甚或是不是這些下屬聯合起來架空我啦？一旦這種猜測成了他的某種認定，他就會利用手中的權力來「捍衛」自己的「尊嚴」，因而做出對下屬不利的舉動來。

在工作中，上司和下屬往往容易形成一種矛盾，一方面下屬都願意在不受干擾的情況下獨立做事，另一方面上司對下屬的工作總存有不放心的狀態。那麼，誰是矛盾的主體呢？這就要看在下屬和上司之間誰對誰的依賴性更大。一般來說，在下屬和上司的關係中，上司總處在主導的地位。原因很簡單，他能夠決定或改變下屬的工作內容、工作範圍，甚至工作職責。一句話，在很大的程度上，下屬的命運是由上司掌握的。在這種情況下，要解決上述矛盾，通常的情況是下屬應適應上司的願望，凡事多匯報，這對那些資歷深且能力很強的下屬來說，就要解決一個心理障礙問題，即：不管你怎樣資深，怎樣能力強，你只要是下屬，你就只能在上司的支持和允許下工作，如果沒有這種支持和允許，你將無法工作，更莫說創出業績了。

所以說，下屬們應該學會勤向上司匯報工作，尤其是：

- 完成工作時，立即向上司匯報。
- 工作進行到一定程度，必向上司匯報。
- 預料工作會拖延時，會及時向上司匯報。

只有這樣，才能最大限度地得到上司的信任與倚重，因而打開事業之門。

第四章　拉近與上司之間的距離

▌講究匯報的技巧

匯報工作是一項有技巧的工作。一次好的工作匯報，能讓上司肯定你的成績，對你另眼相看；相反，上司則會無情地否定你的工作與成果，甚至於你的能力。可見，一個下屬學會如何匯報自己的工作是一個很嚴肅而且很重要的環節。我們怎樣才能更好地匯報自己的工作呢？主要要注意以下幾個方面：

(1) 調整心理狀態，創造融洽氣氛

向上司匯報工作要先緩和以及營造有利於匯報的氛圍。匯報之前，可先就一些輕鬆的話題作簡單的交談。這不但是必要的禮節，而且匯報者可借此機會穩定情緒，理清匯報的大致脈絡，打好草稿。這些看似尋常，卻很有用處。

(2) 以線帶面，從抽象到具體

匯報工作要講究一定的邏輯層次，不可「眉毛鬍子一把抓」，講到哪兒算哪兒。一般來說，匯報要抓住一條線，即工作的整體思路；展開一個面，即分頭敘述相關工作的做法、採取的措施、關鍵環節、遇到的問題、處置結果、收到的成效等內容，正所謂「若網在綱，有條而不紊」。

(3) 突出中心，拋出「王牌」

泛泛而談，毫無重點的匯報顯得很膚淺。通常，匯報者可把自己主管的或較為熟悉的、情況掌握全面的某項工作作為突破口，抓住工作過程和典型事例加以分析、總結和提高。匯報中的這張「王牌」最能反映工作特色。

例如，一家體制改革頗有成效的皮革企業突然收到政府部門要來廠考察的通知，廠裡臨時抽調一位主管品質工作的副廠長負責接待。該廠薪資

制度、行政管理、產品開發和品質監控等需匯報的改革內容很多。從哪裡入手呢？這位副廠長駕輕就熟，對本廠品質管理的系統和措施、技術引進、品質水準的增幅、同行業所居的地位、產品市場占有率變化等有關產品品質的工作做了詳盡的匯報。其他工作僅是概要地介紹。整個匯報中心突出，特點鮮明。

(4) 彌補缺憾，力求完備

下屬向上司匯報工作時，往往會出現一些失誤，比如對一些情況預測不準或漏掉部分內容，歸納總結不夠貼切等等。對於失誤，可採取給上司提供一些背景資料、安排參觀活動、利用其他接觸機會與上司交流等方法對匯報進行補充和修正，使其更加周密和圓滿。

▌向上司匯報自己的工作要講「度」

身為下屬，要不要經常找上司談談，匯報自己的工作呢？

這也常常是人們在工作中難以掌握的一件事。如果經常找上司聊聊，固然可以使其了解自己的工作情況，了解自己的能力，加深對自己的印象。但是，找多了，有時也常常會讓上司心煩，以至於討厭自己。而且，也容易給同事們留下一個愛拍上司馬屁或喜歡走上層路線的壞印象。

這裡有一個「度」的問題。也就是說，找多了不好，但完全不與上司接觸，也並不是明智之舉。應當適度，不過分，那麼，這個「度」在哪兒呢？

首先，這個「度」存在於自己的工作狀況和進程上。當自己的工作已經取得了初步的成績，達到了一定的階段，並有了新的開始。這時，向上司匯報自己前一階段的工作和下一步的打算，則是十分必要的，因而使上司能夠了解你的工作成績和將來的發展，並給予必要的指導和幫助。

其次，這個「度」也在於你的工作性質。如果你的工作性質本身決定

第四章　拉近與上司之間的距離

了你必須經常找上司聯繫，匯報工作，那麼，你千萬不可因其他顧慮而不去匯報，否則，只會讓上司覺得你不稱職。如果你的工作性質與上司不是直接聯繫，就沒必要經常找上司匯報，以免招致人們的猜疑以及上司本人的一些想法。

再次，這個「度」還在於你與上司的私交如何。如果你們之間私交很深，那麼，不妨把這個「度」放寬一些。如果僅僅是泛泛之交，則不要太隨便。

實際上，讓上司過於了解自己也並非是一件好事。接觸多了，固然可以知道你的長處和優點，但同時也可以更清楚地了解你的缺點和不足。所以，保持適當的距離，往往可以造成一種意想不到的效果。真正明智的上司能夠及時客觀地了解其下屬的種種情況。對這樣的上司，與其說依靠匯報去加強他對你的了解，還不如更好地工作，用你的成績去贏得上司的賞識。匯報只是一種形式，更重要的是你所匯報的內容如何，是不是真正讓上司感興趣，是不是真正有意義，這才是關鍵。

▌匯報工作要選擇時機

某個機關有位科長工作很認真又能幹，但是處長卻他對牢騷滿腹，原因是這位科長常常向處長提出下屬或自己的計畫，而時機總是不湊巧。比如：

- 處長準備外出時。
- 處長心情不好時。
- 處長正忙時。

就賞識而言，這些時候應盡力避免向上司提出煩瑣、麻煩的問題。但這位科長不知是運氣不好，還是其他什麼，他總是碰上這種時候跟處長談

86

工作，最後處長終於忍不住了，沉下臉對他說：「非要現在說嗎？」「你沒看到我現在正忙嗎？」自此以後，這位科長在要給處長談工作時，總會先確定一下處長是否有空。

要成為上司的好助手的下屬，應該耳聰目明，手腳靈活，能夠關心自己周圍和整體的事情。尤其要用心觀察周圍的動態，正確地掌握上司的心理，然後再採取行動。如果那位科長能事先掌握處長的情況，再說道：「現在是否方便」，就不會弄錯談工作的時機。

▌不要事事匯報

遇到稍有例外的事、下屬稍有錯失、生產中斷、器械發生故障……或者旁人看來極瑣碎的事，也都一一搬到上司面前去請示，這樣的下屬，令人不禁要發問：他這個下屬是怎麼當的？

下屬對上司不該有依賴心。事事請示不但增加了上司的負擔，下屬本身也很難「成長」。

通常，下屬都擁有執行工作所需要的權限。他必須在不踰越權限的情況下，憑自己的判斷，把分內的事處理得乾淨俐落。這才是上司期待的好下屬。

瑣碎的事不必一一向上司請示。但是，對權限之外的事也去專斷處理，這是令人不敢苟同的。所以，下屬必須認清什麼事在自己的權限之內，什麼事自己無權決定。

這種界限，絕不能混淆。如果發生了某種問題，而且又是自己權限之外的事，就不能拖拖拉拉，應該即刻向上司請示。

有一位公務員，在遠地執行任務時，發現情況並不像當初預料的那麼簡單，需要上司賦予他自主行事的權利。於是他在給上司的報告中，先匯報了情況，然後說：「當你收到報告之後，無疑想發表指示，請不要發

來指示，我們這裡有你的一切指示。我將向你報告我們的行動。」多麼巧妙！他既向上司表明了情況的複雜，請讓我自主行事（當然在權限之內），同時也告訴上司，不必擔心，我已領會了上司的意圖，不會把事情弄糟，而且我會向上司及時匯報。果然，上司回電：「所述甚慰，聽候佳音。」這位公務員的行動贏得上司的歡心。

　　還有，跨過頂頭上司越級聯繫、協調，等於把頂頭上司架空，也破壞了規矩，應該列為禁忌。非得越級與上司聯絡、協調的時候，原則上，也要先跟頂頭上司打個招呼，獲得他認可。

　　如果上司直接與你聯絡，你在事後必須把此事向頂頭上司提出報告，不要裝著沒這回事。

▌選擇匯報的方式

　　一些下屬在對自己的工作進行匯報時，最令人頭疼的事就是該在什麼時候匯報，該如何匯報。掌握合適的匯報方式是每個下屬所期待的。下面我們來介紹五種常見的匯報方式。

(1) 定期匯報

　　下屬自己處理好的問題，如果不向上司報告，往往使上司不了解實情，做出錯誤的判斷，或是在會議上出洋相。

　　當然，不少事情無須一一向上司報告。但是，原則上可稱之為「問題」、「事件」的事件，還是要向上司提出報告。報告的時機因其重要的程度不同而不同。很重要的事，必須即刻提出報告。至於次要的或屬日常性事務，可以在一天的工作告終之時，提出扼要的報告。

　　有些公司採取匯報的方式，每天有例行的短時間聚會，由下屬向上司提出報告。這個方法值得仿效。

有些公司印有工作報告表，每天由下屬填寫，按時送交上司。沒有這種規定的公司，可以利用下班的前幾分鐘，向上司口頭報告當天的過程與結果。上司根據這些報告，能了解情況，也可以用它作為擬定計畫的參考。

(2) 及時報告

松下幸之助先生這樣認為：一個人完成工作後是否馬上報告，不僅能看出他是否具備有始有終的責任觀念，更能看出他是否有不忽視小事的警覺能力。而「一個人如果能完成困難的工作，卻不能做平凡的小事，這樣的人就不是真正能擔當大任的人，更不是企業的靈魂人物。」另外，對於壞消息更要及時報告，以便迅速處理解決。

(3) 中途報告

如果一件任務完成得很順利或完成時間很短，就用不著中途報告，不過在以下兩種情況下，就需要中途報告。

完成一件任務需要很長時間，在解決途中就需要向上司進行中途報告，匯報工作的進展情況，以便上司對你的工作有所了解。

有意外事故發生時，也需要提出中途報告，分析原因，展示過程，並接受以後工作的指示。

(4) 口頭匯報

內容比較簡單時，一般採用口頭報告的形式，上司急著要知道情況時，一般也採用口頭報告的方式。另外，美國出版的《有效的管理者》（*The Effective Executive*）一書中，把某些上司分為「讀者型」上司與「聽眾型」上司。「讀者型」上司喜歡看書面報告，而「聽眾型」上司喜歡聽口頭報告，這樣即使問題較複雜，內容較多，如果你的上司屬「聽眾型」上司，你就應該進行口頭報告。口頭報告時應注意以下事項：

- 與上司面對面交談，匯報工作時，給上司提供可發問的機會。因此，下屬在匯報前對上司有可能提出的問題，最好事先做好準備，這頗似研究生的論文答辯。

- 任何上司都不喜歡漫無邊際、雜亂無章的匯報，所以匯報的下屬應盡量緊緊地抓住所要闡明的中心問題，以簡單明瞭、有條理的語言，讓上司了解到問題的實質，而不必事無巨細，一概匯報，因為此後上司對什麼感興趣，他自會提問。

- 報工作時盡量避免「大概」、「也許」、「可能」、「估計」等這類模糊概念的詞，要正確、準確、斬釘截鐵，不能猶猶豫豫，含含糊糊。

- 匯報的問題要有順序，輕重緩急有所側重。一般原則是先講最重要的事情，然後再講次要的，先談結論，然後補充論據。

口頭報告不僅讓上司了解你完成工作的情況，更為你提供了直接讓上司了解你的機會，匯報者應該高度重視。

(5) 書面報告

一般而言，內容較為複雜或很重要，需要歸檔或需轉遞報告時，都要採用書面報告的形式。對於「讀者型」的上司，下屬更要採用書面報告的形式。

學會與不同性格的上司交往

穆罕默德說：「山不過來，我就走向山。」山是不可能主動走向穆罕默德的。同樣，身為下屬，需根據上司的不同性格，採取一種主動的方法去拉近自己與上司的距離。

▌與懦弱的上司交往

懦弱的人一般不會當領袖，即使當領袖，大權也必定不在手中，自有能者在代為指揮。你必須看準代為指揮的人是什麼性格，再圖應對的方法。千萬不要與這種軍師型的人物發生衝突，否則必遭失敗。

▌與豪爽的上司交往

豪爽的上司最愛有才氣的人，只要善用你的能力，表現出過人的工作成績，那麼只要時機一到，絕對不用擔心你沒有晉升的機會。時機未到時，你仍要愉快地工作，並且要做得又快又好，表示出遊刃有餘的能力。同時還要隨時留心機會，一旦發現可以異軍突起之機，就要好好掌握。切記：所計劃的一切要十分周詳，然後相機提出，只要一經採用便可脫穎而出。意見被採用了，表示你有能力，如果再委託你來執行計畫，就足以說明你的能力已被肯定。你的發展既然已有了好的開端，路也已經摸準，那麼只要一步一步地走下去，遲早會晉升，但不要操之過急。

▌與熱忱的上司交往

剛一接觸就對你表示特別好感的上司，不要有相見恨晚之感和受寵若驚的反應。你並不清楚他的熱情能持續多久。對這類上司，最好是採取若即若離。「若即」，不會讓他因你的突然冷淡而失望；「若離」，不致使他的親密只在短時間內高漲，速來速去。採用這種處理方法，萬一他的情緒低落時，你可以靜待機會；情緒高漲時，可以讓他緩緩降溫，以達到合適的熱度。總之，就像鐘擺一樣，讓他在一定的幅度內來回擺動，以致無限。

第四章　拉近與上司之間的距離

▌與冷靜的上司交往

　　頭腦冷靜的上司在各種狀況下始終能保持常態。遇到這種上司，你提出的工作計畫和實施建議，不要自作主張，等到決定計畫後，只要負責執行就是了。執行的過程必須做詳細記錄，包括極細微的地方。這種一絲不苟的作風正是這種上司所喜歡的。如果執行過程中遇到困難，你最好能自行解決，不必請示。隨機應變非他所長，多去請示反而可能會貽誤時機，最好事後用口頭報告你當時處理問題的方法，他就會很高興。但要注意的是，即使事後報告，也要力求避免誇張的口氣，雖然當時的確難度極大，也要以平靜的口氣加以輕描淡寫為好，如此反而更能表現出你應變的本領。

▌與陰險的上司交往

　　陰險的上司城府極深，對不滿意的人好施報復，設法剪除。由疑生忌，由恨生狠，輕拳還重拳，且以先下手為強，寧可打錯了好人，也不肯放走了敵人，抱著與其人負我，不如我負人的觀念。其人喜怒不形於色，怒之極，反有喜悅的假相，使你毫無防範。

　　陰險的上司，絕不會採用直接報復的手段，而總是使用計謀。如果你的上司是這種人的話，身為下屬只能如履薄冰，兢兢業業，一切唯上司是從，賣盡你的力，隱藏你的智慧。賣力易得其歡心，隱藏智慧使他不會把你看在眼裡，更不會忌你、妒你、恨你。如此一來，或許可以相安無事。

不妨到上司家裡做做客

　　身為下屬，有時候難免會去上司家裡拜訪，走走私人路線拉近與上司之間的距離。私人關係維繫好了，上司也就把你當成了自己人，在有利可圖時第一個想到的當然是你了。

藉一些重大節日來臨的機會，到上司家去拜訪拜訪，是一種相當有效的接近上司的方法。對上司而言，下屬的來訪，確是令人欣賞的事。一個連自己的直屬下屬都不願親近的上司，總是一個有缺陷的上司。

如果到上司家拜訪做客，對上司的家人要積極給予讚美。對上司的言辭或和其家人的對話，要用比平常更有禮貌的態度，一一清楚地答對。自己舉手投足間，都要隨時保持「高度的警戒心」。

由於經常的拜訪，久而久之，自然會跟上司的家人變得熟悉起來，這時可以不拘小節。但不可以輕視應有的禮節，別忘了你是他的下屬，在彼此的心目中，始終有不平等的界限存在，這是每一個下屬必須時刻提醒自己的。

因此，不管是初次拜訪或是座上常客，畢竟和一般訪客不同，一定要知禮數。

要討上司的歡心，就先收買其家人的心，尤其是上司的太太。因此，送禮時禮物的選擇，要以上司夫人的喜好為第一要素。偶然在上司家吃飯時，對上司太太親手做的菜餚，更是不可忘記要大大讚賞一番。

對上司的孩子更是應該表示親切，恰如其分地讚揚孩子聰明伶俐，將來一定會後浪推前浪，能有一個錦繡前程。注意這種讚揚一定要具體些，說出孩子在某一方面的天賦或潛質，使上司覺得你讚揚的有道理，如果還能再提些合理化的培養孩子的建議，一定會讓他對你更多一份好感。俗話云「清官難斷家務事」，在外呼風喚雨的人，在家裡可能不堪老婆或孩子的一擊。下屬如果能仔細觀察，就能借力使力省心省事。

身為下屬同時又是賓客，誰都希望得到上司的熱情接待和幫助，誰都不願被上司對自己下「逐客令」，誰也不願成為上司所不歡迎的人。

那麼，怎樣才能給上司留下良好印象，做一個受人歡迎的賓客呢？

第四章　拉近與上司之間的距離

▌誠心誠意敬重上司

　　敬重別人才會贏得別人的尊重。有道是：你敬我一尺，我敬你一丈。身為相對上司來說有些被動意義的下屬，要想受到上司的歡迎，做到敬重上司，也就尤其顯得重要。

　　可想而知，下屬不將上司放在眼裡，不聽從上司的安排，不遵守上司家裡的規矩或所在地的風俗，乃至在上司的「領地」亂動亂來，誰心裡會舒服？

　　敬重上司主要表現在：登門拜訪時不得隨便闖入，而要禮貌地敲門探問，以及按照上司的指點落座；引帶新客人拜見上司時，應先有禮貌地讓客人認識上司，然後向上司友好地介紹新客人；上司關心詢問你或與你聊天時，你要盡量投入些，不要一邊回答一連做其他事情；請求上司給予關照、幫忙時，應做到態度誠懇、言詞懇切；向上司借或索取東西時，應與上司好言商量，在徵得上司的同意認可之後才行事，力求避免強人所難；告別上司時要打招呼，客氣道地一聲「打擾了」或「麻煩您了」之類的話，以及請上司留步免送，等等。

　　誠然，若你與上司情同手足，交誼深厚，也就可以隨便自如一些。不然，過於講究，太彬彬有禮，則不免叫人感到見外。

▌切忌喧賓奪主

　　身為上司，都希望自己的所作所為能夠顯示出堂堂正正的主管形象，是名副其實的主人。既然這樣，下屬的言行就不能太喧鬧，不宜像在自己家裡、自己部門或自己主持的場合裡一樣毫無拘束地高喊大叫、洋洋自得地顯示闊氣與能耐，否則，就會出現下屬言行的隨便和聲勢的強勁超過了上司的錯位場面。這樣，上司便會覺得自己沒面子。比如，本應由上司決

斷的事情，你偏偏要給它妄下結論；本是上司請人家吃飯，上司沒有請你代為敬酒，你卻顯得比上司還能喝而左敬一杯右敬一杯；在上司的妻子或女朋友面前，你居然比上司對她還顯得殷勤……這樣，上司肯定會不高興，即使當面不給你臉色看，也會對你耿耿於懷。這樣，上司自然也就不那麼歡迎你了。

事實上，喧賓奪主難免讓人產生某些誤會而招致一些不良後果。諸如不知內情的旁人，會將「喧賓」者當成主人，而把真正的主人又看作賓客，繼而還可能會鬧出笑話來。

當然，接受了上司委託，得到了上司的許可後，下屬偶爾「反客為主」，那就是另外一回事了。

▌掌握好拜訪時間

時間是富有階段性的特別概念。在「時間觀念」裡，時間的長與短、早與晚及頻繁與稀疏等，所表達的意義各不相同。所以，拜訪時間的得宜與否，對能否達到良好的拜訪目的，關係甚大，也就是說，只有恰當地抓住了拜訪時機，上司才會歡迎。這就要求下屬最好了解懂得上司的一些工作和生活習性，熟悉上司的一些時間安排。

一般說來，上司工作及家務繁忙之時，吃飯及休息之時，情緒及身體欠佳之時，除非急事要事，盡量不要前去拜訪；與上司事先有約，不應遲到，也不必早到，準時赴約即可；求助於上司時，不宜三天兩頭去找人家；除非上司挽留，每次拜訪的時間不宜過長；碰到上司又有來客，應該長話短說，適時起身告辭。

誠然，同事好友之間的非拜訪性串門，大可不必這麼講究，但也不能「太不知趣」或「太不識相」了。否則，或多或少引起了上司的反感和不滿，那就不合算了。

第四章　拉近與上司之間的距離

不宜多嘴多舌

　　倘若碰到上司在與別人說話，或是在上司那裡看見或聽見其他客人在交談有關問題，你最好不要插嘴，尤其是除了上司之外，你與其他人員都不熟悉時，更應該這樣。喜歡多嘴多舌，動不動就打聽別人的情況或就別人的有關事情發表議論、見風就是雨等等，都是「不懂規矩」、「缺乏修養」或「好管閒事」的不良表現，很容易使人反感。特別是涉及一些隱私和祕密的時候，下屬就更不要多嘴多舌，不該問的不要問，不能打聽的不要打聽，不當說出去的不要說。不然，落了個「好管閒事」、「傳話筒」之類的名聲，那你在上司面前的形象，就可能會大打折扣了。

熱心為上司排憂解難

　　身為下屬，撞上上司事務繁忙需要援助的時候，主動地給予幫忙、照看及出主意等，上司一定會欣喜感激，你也就更加受歡迎了。比如，上司這邊忙得不可開交，那邊又有事情要辦。這時，你就應該請求上司讓自己幫忙辦理其中一項事情，自己辦不了，也可以出點子去找別人來辦，哪怕由於不小心而辦得不盡如人意，上司也會為你有一顆熱心而高興，因而十分歡迎你。比如，上司家裡來了一位遠方貴客，你恰巧也在上司家，上司又突然身體不適，不能上街買菜備酒，這時，你就不妨提出替上司一手操辦這些，以便招待好那位貴客。對此，上司怎能不感激並永記在心？

　　當然，在熱心為上司排憂解難之時，小心不要幫倒忙，更不可以顧此失彼有損上司或旁人的利益。

　　另外，盡量不要做某些正式場合中的「不速之客」。比如，上司宴請嘉賓貴客，邀請某人處理或商討某些特殊事務等，你若前來充當那種「不速之客」，上司往往很為難；不接待不好，接待又不方便。有時會使上司

陷入十分窘迫的困境。這樣，上司就會為你的到來感到「頭痛」或「冒火」，你自然也就不受上司歡迎了。

生活中還有一種常見的現象，有人因為工作關係，為了求得上司的支持，頻繁地往上司家裡跑，尤其在下班以後，在上司家一「泡」就是幾個小時。他以為這樣，就能獲得上司的好感，事情就好辦得多。殊不知，這種行為不管有心無心會使人不耐煩。

為什麼不該頻繁造訪上司的住所呢？原因有三：

第一，下屬與上司是工作關係，而住所卻是一塊私人的領地。許多人工作之後要回家，並不僅僅是為了獲得食物和睡眠。家是一種氛圍，是一種讓人從精神到肉體完全處於鬆弛狀態的氛圍。人們工作了一天，緊張了一天，回到家中，恰如魚兒回到水中，鳥兒回到林中，好不輕鬆，好不自在。

偏偏在這時，門鈴響了，你進來了，帶來了有關工作的整個記憶，破壞了別人優哉游哉的生活節奏，這怎麼可能是受人歡迎的呢？

第二，一個家庭大多有兩個以上的成員，而別的成員對你這個只有工作關係的人介入進來，必然也是不滿意的。或許，上司的夫人正要與丈夫一起外出去看電影，或許，上司正希望和夫人一起靜靜地呆一會兒；或許，主人的孩子正等著爸爸或媽媽輔導功課……

這樣，即使你的上司沒有對你的造訪感到厭惡，他的家庭成員也會討厭你，並把這種情緒傳染給你的上司。

第三，私下造訪上司的住所，一般而言，動機都不怎麼單純，總是企圖在彼此之間造成另一種「親密關係」，以便獲得好處。這是一種喪失自信的表現。你為什麼不能透過自己的努力工作博得上司的好感呢？正直的上司必然對此產生反感，同事們也會認為你是個「馬屁精」。你得了好

處，明明是努力工作而得到的，人家卻說是「馬屁」生效了，你吃了虧，人家則說「活該」。即使有個別上司真會因此而給了你點好處，相形之下，又算得了什麼呢？

保持一定的距離也是必要的

我們說的「拉近與上司之間的距離」，是從下屬的立場出發的。但是有些主管不願跟下屬關係過於密切，主要是顧忌別人的議論和看法，再就是他在你心目中的威信。

同時，任何主管在工作中都要講究方法、講究藝術、講究一些措施和手段，如果你把一切都知道得一清二楚，這些方法和措施，就可能會失敗。

和主管保持一定的距離，需要注意哪些問題呢？

首先，保持工作上的溝通，訊息上的溝通，一定感情上的溝通。但要千萬注意不要窺視上級的家庭祕密、個人隱私。你應去了解上級在工作中的性格、作風和習慣，但對他個人生活中的某些習慣和特色則不必過多了解。

和主管保持一定的距離，還應注意，了解主管的主要意圖和主張，但不要事無巨細，了解他每一個行動步驟和方法措施的意圖是什麼。這樣做會使他感到，你的眼睛太亮了，什麼事都瞞不過你。這樣他工作起來就會覺得很不方便。

他是上級，你是下級，他當然有許多事情要向你保密。在一部分事情你只應得知其然而不知其所以然。所以，千萬不要成為你的主管的「顯微鏡」和「跟屁蟲」。

和主管保持一定的距離，還有一點需要注意，就是要注意時間、場

合、地點。有時在私下可談得多一些，但在公開場合、在工作關係中，就應有所避諱，有所收斂。

和主管保持一定的距離，還有一個重要的方面，就是：接受他對你的所有批評，可是也應有自己的獨立見解；傾聽他的所有意見，可是發表自己的意見就要有所選擇。也就是說，不要人云亦云。

與上司相處的四大禁忌

如何處理與上司的關係，始終是每一個下屬關心的問題。這裡，我們不再討論如何處理與上司關係的技巧，而要提醒你注意一些問題。

怎樣保持與上司最好的關係呢？我們不妨先反過來思考一下，上司與下屬到底應是什麼樣的關係呢？

美國著名的職業培訓專家史蒂夫・布朗（Steve Browne）先生提出了一個發人深思的原則：上司和下屬之間總是有著業務上的關係。他認為，一個上司在與下屬在一起的時候，絕不要做他與公司的頭號顧客在一起時不願做的事情。

雖然不能否定上司與下屬交朋友或是追求娛樂，但是他們之間總是有著業務上的關係。因此，反過來，我們應該說：你與上司總是有著業務上的關係，無論在工作時間還是在社交場合，你的腦中都應該保持這樣一個觀念和警覺。上司之所以選中你做下屬，一定是由於公司業務的需要。試圖衝破你與上司這種關係的做法在更多的時候是危險的。

▌不做上司的哥們

如果你的上司對待下屬採取非常民主的方式，他願意聆聽下屬的意見，願意與下屬溝通交流，並保持良好的上下級關係；如果你的上司性格溫和，待人充滿溫情；如果你的上司非常器重你，經常帶你出席各種社交

第四章　拉近與上司之間的距離

場所，那麼，你千萬不要得寸進尺，適度的距離對你是有好處的。也許你發現你正在或可能成為上司的朋友甚至哥們，你應當掌握好分寸。如果你當著其他人的面與上司稱兄道弟，以顯示你與上司的特殊關係，那麼這種行為是危險的。上司再民主也需要一定的威嚴。當眾與上司稱兄道弟只會降低他的威信。於是其他同事也開始不把上司的命令當一回事。當上司發覺他的工作越來越難做，而最終被他發現是你破壞了他必要的威嚴，那麼，等待你的最低限度也是疏遠，或者你只能離開。也許他不會表露出來。可是，終有一天，你會發現你不得不接受調職的命令。

當然，你如果能夠同上司交上朋友，這說明你已經能接近你的上司了。不過，這種朋友關係的最佳狀態，是業務上的朋友和工作上的摯友。如果你能推動你上司在公司中的地位，你就是他最好的朋友。

上司任用你絕不是為了廣交朋友，而是讓你為他服務。

▌不做上司的情人

這當然不是斷然否定與下級之間戀情存在的合理性 —— 如果雙方真有此意而且合法的話。

但是，更多的時候，與上司建立情人關係是對雙方都沒有好處的。如果這種超出工作以外的情人關係是發生在至少一方已經有合法婚姻的情況下就更是玩火了。

在大多數時候，你與上司建立了情人關係，最終等待你的極可能是你在這家公司職業生涯的終結。

還有另外一種可能的結果，那就是你與上司的情人關係可能給上司帶來麻煩，當上級管理部門發現了你們之間的關係所帶來的消極影響的時候，也正是這位被丘比特之箭射中的上司喪失職務之時。男女之間的情愛

關係，並不能取代最好的工作關係。如果你是男性而上司是女性，你是否也能抵擋住這個誘惑呢？要時刻留心。

▌不做上司的密友

如果說過多介入上司的私生活已經是你脫離了與上司的正常關係，那麼了解上司的個人祕密和事業上的「祕密」對你更沒有好處。

上下級間的確可建立友誼，但友誼過頭，過多地參與上司的祕密，卻是極其危險的。親密的關係有一種平等化的效應，這可能扭曲上司與你之間正常的上下級關係。你應明白，越是親近上司，上司的要求便越多，總有一天，你會難以滿足上司的胃口，你從此便失信了。過多地與上司周旋可能得到上司「密友」或「寵兒」的名聲。這樣一個名聲使同事們討厭或不信任，甚至有些人會想盡一切辦法拆你的臺。誰知道你與上司神祕兮兮的樣子是不是意味著一些陰謀或小算盤呢 —— 人們總會本能地反感。

▌不做上司的保姆

關於過分注重同上司的私人關係的情況，最嚴重的一種，便是在事實上做了上司的保姆或者說是傭人。善於鑽營的人希望能得到提升，所採取的方法就是討好上司。怎麼討好上司呢？你想無限制地為上司的日常生活服務。比如，不斷地為上司端茶倒水，替上司清理辦公桌等。上司也許會對這種人表示好感。經常在外出的時候帶上你一回 —— 因為你總是願意提供一些超出職員身分的服務，這為上司帶來很多的方便。在很多時候，你更像一個跟班。你滿懷希望地等待著某一天上司突然對你說：「你是個好人，你是否願做一名管理者？」可是，這一天始終沒有到來。在上司心中，你的形象不知不覺地被定格為保姆，這樣的人，永遠只適合做下屬。

如果你試圖用這種小伎倆打動上司的心，方向就偏了。

第四章　拉近與上司之間的距離

　　總之，在你和上司的關係中有一些禁忌，千萬不可冒犯。即便是上司拉你進來，你也要保持足夠清醒的頭腦。

　　如果要做，也要做上司事業上的朋友。當然，如果你能因此獲得上司私人朋友的地位，將是最為完美的。但時刻都應該對自己說：「我是否注意到了上司的業務關係？」

第五章　幫助上司就是幫助自己

上司也是人，他也有他的難處。這個時候，如果你能「及時雨」般地出現在他面前，用「潤物細無聲」的手法替他把事情辦好，他會在你「投桃」之後，報你以「李」。

承擔上司不願承擔的事情

上司所做的工作很多，但並不是每件事他都願意去做、願意出面，這就需要有一些下屬去做，去代替上司將棘手的事辦好，替上司分憂解難，贏得上司的信任。

一般來講，上司有幾願幾不願：

- **上司願做大事，不願做小事**：上司的主要職責是「管」而不是「做」，是過問「大」事而不拘泥於「小」事。因此在實際工作中，大多數小事由下屬來承擔。此外，如果將過多的精力放於小事上，可能會使上司有降低自己的位置，有損於自身形象的感覺。

- **上司願做「好人」，而不願做「惡人」**：工作中矛盾和衝突都是不可避免的，上司一般都喜歡自己充當「好人」，而不想充當得罪別人的「惡人」，可以說，這種心理是一種普遍的上司心理。此時上司最需要下屬挺身而出，充當馬前卒。

- **上司願領賞，不願受過**：聞過則喜的上司固然好，但那樣高素養的人實在是寥寥無幾。大多數上司是聞功則喜、聞獎則喜，在評功論賞時，上司總是喜歡衝在前面；而犯了錯誤或有了過失後，許多上司都有後退的心理。此時，上司亟待下屬出來保駕護航，勇於代上司受過。

代上司受過除了嚴重性、原則性的錯誤外，實際上無可非議。從工作整體講，下屬把過失歸結到自己身上，有利於維護上司的權威和尊嚴，把

大事化小，小事化無，不影響工作的正常開展。此外，因為你替上司分憂解難，贏得了上司的信任和感激，對你日後的發展將是有益的。

為處於困境的上司雪中送炭

上司雖然大權在握，但常常有難纏身。他們的困難，有些需要請求他的上司幫助解決，有些需要請求他的親朋好友解決，有些則需要下屬幫助才能解決。

「上交不諂，下交不瀆」，這是古訓。不在上司面前討好、諂媚是做人的最基本的原則，但如果把幫助上司排憂解難視為諂媚則有失偏頗。上司在公事方面的困難，其實就是大家的困難，幫助上司解除這樣的困難，也就是幫大家的忙，幫自己的忙。

上司的困難，不論是公事方面的還是私事方面的，下屬如果進行幫助，都不應該等上司開口，而應該主動出手。

求人幫忙，總是萬不得已而為之。為什麼？求人幫忙，把自重感讓給了對方，而自己則有一種自卑感和負疚感。如果對方能主動幫忙，困難很快得到了克服，自卑感可以較快地消失。如果對方無動於衷，三番兩次相求還懶得行動，自卑感會達到極點，使人感到受辱，自卑感會變成對對方的討厭感。因討厭這種見難不幫的人而寧願讓困難發展到不可收拾的地步也不願再去求他，甚至不再願意與他一起相處。上司求下屬更是這樣，人家已經收了架子，把自重感讓給了你，如果你還不識抬舉，他可以另求他人，不受你的「窩囊氣」。

幫人圖報是一種市儈的意識，它嚴重影響相互之間的關係，損害相互之間的情誼。把這種意識帶到上下級關係中來，上下級之間的關係就變成了赤裸裸的金錢關係：不用金錢，上司就沒有凝聚力和號召力。然而一個

正直的、稱職的上司是不會徇私情的。對於幫人圖報的下屬，不但不會「報」，還會從此看出他的唯利是圖的本性，進而對他失去信任。

幫上司「背黑鍋」

　　在上司陷於孤立無援的處境之中時，下屬的忠誠是最珍貴、最讓上司難忘的饋贈。

　　身為上司，如果在他最需要人支持的時候，是你支持了他，他就自然視你為知己。實際上，上司與下屬的關係是十分微妙的，它既可以是上司與下屬的關係，也可以是朋友關係。誠然，上司與下屬身分不同，是有距離的，但身分不同的人，在心理上卻不一定有隔閡。一旦你與上司的關係發展到知己這個層次，較之於同僚，你就獲得了很大的心理優勢。你也可能因此而得到上司的特別關懷與支持。

　　某公司部門經理劉某由於在一次談判中失誤，受到公司總經理的指責，並扣發了他們部門所有職員的獎金。這樣一來，大家很有怨氣，認為劉經理辦事失當，造成的責任卻由大家來承擔，所以一時間怨氣沖天，劉經理處境非常困難。

　　這時祕書小張站出來說：「其實這件事的主要責任人是我，當時若是我按照劉經理的要求準備好所有資料，也不致在談判中處於被動。我今後一定吸取這次教訓，把該做的工作做確實。」眾人聽了，對劉經理的怒氣少了許多。

　　這是一則下屬主動「攬過」的例子。有些時候，這種「攬過」是被動的。在日常生活中，尤其是在工作交往中，很可能會出現這樣的情況，某件事情明明是上司耽誤了或處理不當，可在追究責任時，上面卻指責自己沒有及時匯報或匯報不準確。

　　例如，在某機關中就出現這樣一件事。部裡下達了一個關於品質檢查的通知後，要求各地區的有關部門屆時提供必要的資料，準備匯報，並安排必要的實地檢查。某市工程局收到這份通知後，照例是先經過局辦公室主任的手，再送交有關局長處理。這位局辦公室主任看到此事比較急，當日便把通知送往主管的某局長辦公室。當時，這位局長正在接電話，看見主任進來後，只是用眼睛示意一下，讓他把通知放在桌上即可。於是，主任照辦了。然而，就在檢查小組即將到來的前一天，部裡來電話告知到達日期，請安排住宿時，這位主管局長才想起此事。他氣沖沖地把辦公室主任叫來，一頓喝斥，批評他耽誤了事。在這種情況下，這位主任深知自己並沒有耽誤事，真正耽誤事情的正是這位主管局長自己，可他並沒有反駁，而是老老實實地接受批評。事過之後，他又立即到局長辦公室裡找出那份通知，連夜加班、打電話、催數字，很快地把所需要的資料準備齊整。這樣，局長也愈發看重這位忍辱負重的好主任了。

　　為什麼他明明知道這件事不是他的責任，而又悶著頭承擔這個罪名、背這個黑鍋呢？很重要的一點就在於，這位主任知道，必要的時候必須為上司背黑鍋。這樣，儘管當下自己會受到一點損失，受幾句批評，但到頭來，自己仍然會有相當大的好處，事實上證明他的做法和想法是正確的。

　　祕書科的小李在接到一家客戶的生意電話之後，立即向經理做了匯報。可就在匯報的時候，經理正在與另一位客人說話，聽了小李的匯報後，他只是點點頭，說了聲：「我知道了。」便繼續與客人會談。兩天以後，經理一個電話把小李叫到了辦公室，怒氣衝衝地質問小李為什麼不把那家客戶打來的生意電話告訴他，以至於耽誤了一大筆交易。莫名其妙的小李本想向經理申辯兩句，表示自己已經向他做了及時的匯報，只是當時他在談話而忘了。可經理連珠炮式的指責簡直使她沒有插話的機會。而

第五章　幫助上司就是幫助自己

且，站在一旁的經理辦公室主任老趙也一個勁地向小李使眼色，暗示他不要申辯。這更是弄得小李糊塗不解。經理髮完火後，便立即叫小李走了。一起出來的老趙告訴小李，如果你當時與經理申辯，那你就大錯特錯了。聽了老趙的話，小李更是丈二和尚摸不著頭腦。弄不清其中的奧妙。事情過了很久，小李才逐漸明白了其中的緣由。原來，這位經理也知道小李已經向他匯報過了，也的確是他自己由於當時談話過於興奮而忘記了此事。但是，他可不能因此而在公司裡丟臉，讓別人知道他瀆職，耽誤了公司的生意，而必須找一個代罪羔羊，以此而為自己開脫。所以，經理的發怒與其說是針對小李，還不如說是給全公司聽的。但是，如果小李不明事理，反而據理力爭，這樣，不僅不會得到經理的承認，而且很可能因此而被解僱。

那麼，是不是在上司錯怪了自己之後，都不要去申辯呢？千萬不可簡單地下這樣的結論。如果我們仔細地分析上述例子，便可以發現，經理之所以如此責怪小李，小李之所以不能申辯，是因為事關經理自己本身。假如事情不是這樣，那就另當別論了。這裡，至少有以下幾種情況：

- 如果事情與經理本人的工作沒有直接聯繫，而只是涉及一般工作，特別是與自己的責任直接相聯繫的話，則可以大膽地進行申辯。
- 如果是一些十分重要的惡性事故，是某種造成較大的經濟損失或政治影響的事故，則不管怎麼樣，都應該據理為自己申辯。這裡，已經不存在情面和技巧的問題。如果你仍然為顧全上司的面子而把苦果往自己肚子裡吞，其後果是不堪設想的。
- 在涉及觸犯國家法律的事情時，應該毫不客氣地、實事求是地進行有力的爭辯。在這種情況下，如果還要為上司或某人掩飾，只是害了自己。而且在法律面前，誰還會徇情保護你，更不要寄望那些虛假的承諾。
- 如果是某些人為了推卸責任而往你身上栽贓，或者是有人因為對你有

意見而故意向上司打小報告，陷害你，那麼，你完全可以進行申辯，以有力的事實向上司證明你的能力和忠於職守，並揭露那些心術不正的人的種種詭計。否則，你只能吃啞巴虧。

在這裡還應該特別注意的是，在一些小事情上，特別是沒有太大關係的事情上，被上司錯怪了，便大可不必去申辯。因為，上司總是希望大事化小，小事化無，希望不出大亂子，希望大家都聽他的。如果你為了一點小事便不厭其煩地為自己申辯，以至於給上司造成種種過多的麻煩，那儘管你的申辯是正確的，有力的，其客觀效果也並不好，反而會使上司討厭你，認為你心胸狹窄，斤斤計較。

如果你覺得有必要予以申辯，使用的語言和態度如何也是十分重要的。對此，除了考慮到當時上司的心情以及上司的性格特點與工作方式以外，非常重要的是，你千萬不可表現出一種蒙受冤枉的委屈狀，而應該表現出一種非常豁達的態度，首先肯定對方也許是無意中錯怪了自己，這樣，便給對方一個很好的臺階，以便於改變自己的觀點。另外一點是，在申辯過程中，最好是多用事實講話，用事實證明自己沒錯，而不要直接用語言表示自己沒有責任。最好是避免在語言中出現：「不是我的錯」、「我沒有責任」等話，以免直接刺激對方，使對方產生強烈的衝突情緒。

總之，替上司「背黑鍋」是要審時度勢的。首先你應考慮到這種損失會不會引發自己仕途上的永久損失，如成為一個從政汙點；其次你應考慮到這種損失是否是你能夠承擔的。如果這兩個問題你不能很好地回答，便不宜去冒險，否則便成了別人的「犧牲品」和「代罪羔羊」。要知道，人總是從自己利益最大化的角度來處理和對待各種問題的，如果你不能做到「合小取大」，你的忠誠便是盲目的，是「愚忠」。所以恰當的忠誠才是被上司信任、既發展自己又保護自己的方法。

幫助犯錯的上司

　　任何人如果犯了錯誤，心情都是沉重的，希望得到別人的諒解與幫助，上司犯了錯誤更是這樣。因為上司犯的錯誤，往往不只是他個人的問題，而是整個部門的問題。在這種時候，下屬如果能從多方面給予幫助，相信上司是能心領神會的。

　　上司犯了錯誤，或者有犯錯的苗頭，他自己並未覺察，可能不認為是錯誤，不認為發展下去會犯錯。在這種情況下，他不會輕易地接受你的指正，弄不好還會產生反感，不但達不到預期的目的，還有可能使彼此之間的關係弄僵。因此，幫助上司要講究方法，要掌握以下幾條最基本的原則：

- **批評盡量在私下進行，以保全上司的面子**：切忌當著眾人的面指出上司的錯誤，可以事先和上司商量，告訴他。你要私下指出他的某一錯誤，並且不要耽擱他很多時間，這樣做，一般都會受到歡迎。特別是當他知道你把在眾人面前發現的錯誤巧妙地在私下給他指出時，他會很感激。你尊重上司，上司也會想著你，並尊重你所提出的批評。如果上司很忙，難於找到私下談話的時間和機會，你可以用寫信或打電話的方法指出其錯誤所在。

- **批評盡量用「糖衣」**：俗話說：「良藥苦口利於病，忠言逆耳利於行」，這當然是不錯的，但這主要是對被批評的一方說的。對於批評的這一方來說，良藥裹上糖衣使之不苦，忠言講究藝術使之順耳，這樣做效果同樣顯著，且對批評者大有益處。

- **不與上司爭論**：下屬給上司提意見時，如果上司不能接受，最好不要爭論。生活中十之八九的爭論，結果都是使雙方不歡而散，反而更加

堅持自己的意見。批評上司時，更不能借伶牙俐齒來戰勝別人，即使短時間內占了上風，但卻會因此樹立一個強敵。此外得意洋洋地攻擊對方的言論，找出他的破綻，贏得這場爭論，自己往往也並不感到舒心。

當上司的錯誤還處在萌芽狀態的時候，上司本人大多覺察不到自己正在犯錯。但是「當局者迷，旁觀者清」，做下屬的大都看得很清楚，在這種情況下，如果你為了討得上司的歡心，以「好好先生」的面貌出現，無異於給正處在迷糊狀態下的上司的眼睛蒙上一層灰塵，使他一錯再錯下去。需要注意的是上司對自己錯誤的認知與其他任何人一樣，都需要一個過程，這個過程是痛苦的，艱難的。這時候，「好好先生」的每句話，常常可以使正在鼓足勇氣改正錯誤的上司舒舒服服地敗下陣來，回到原來的認知階段，使之認知錯誤和改正錯誤的過程拉長，於公於私、對人對己都繼續造成許多不應有的損失。當犯錯的上司完全清醒的時候，他會明白挽救他的是千方百計指出和幫助他認知錯誤的人，害他的正是那些好好先生。

幫忙需要智慧

上司搞不定的事，你出頭幫忙搞定，肯定有較大的難度。而這種難度，正是考驗你的能力和智慧的時機。

東魏渤海王高歡，身邊養了一大群侍妾，每日應接不暇，一些侍妾不免受到冷落。其中有一個叫鄭顏的，年少貌美，性慾正旺，終於耐不住寂寞，與高歡的嫡長子高澄暗通款曲。一個婢女告發了這件事，並有兩個婢女為之作證。兒子給父親戴「綠帽」，是亂倫行為，更是莫大的家醜。高歡怒不可遏，叫家奴將高澄打了一百大杖，然後禁閉起來，還宣布再不見妻子婁妃（高澄之母）。同時，高歡還想立自己的寵妃爾朱氏的兒子高�

第五章　幫助上司就是幫助自己

為太子，廢掉高澄。高澄見情勢緊急，連忙求救於司馬子如。

司馬子如早就想攀牢高澄這棵大樹，見機會來了，哪會放過？不過，他還是沒有貿然行事，而是靜下心來，考慮幫助高澄的辦法。他認為辦好這件事的難度很大，難就難在高歡認為這是家醜，絕口不與任何人討論，因而司馬子如必須首先設法使對方能夠心平氣和地與自己討論這件難以啟齒的問題。

司馬子如見到高歡以後，佯裝根本不知有這回事，請求見婁妃。高歡便把高澄和婁妃的事說給他聽。子如首先淡化這件事，說道：「我兒子也與卑職的侍妾私通，這種事只可掩蓋，不可張揚。」

司馬子如不從高澄問起，避免了一開始就與高歡感情上對立。介紹自己家也有醜事，利用了心理學上的相容原理。

對話的雙方要在某一問題上取得一致的意見，常常要求雙方的言談舉止、思想觀點、個性品格等相互被對方在心理上所接受，或者是有共同的經歷、一致的利害關係、相同的興趣等等，可以使雙方感覺到對話的另一方與自己有某些類同的地方，這樣就可以有效地消除對方的排斥與不滿，解除敵視或戒備，縮短彼此的心理距離，啟動對方與你交談的願望。彼此有了同一立場，找到了共同的心理體驗，就會在感情上產生共鳴。心理學的研究證明，人的情感支配、引導著行動。積極的情感，比如喜歡、愉悅、興奮，很容易激發彼此的理解、相通、相容，產生合作的效果。相反地，消極的情感，只會使人產生厭倦、厭惡，難以和諧與支持。司馬子如知道高歡的兒子和高歡的侍妾私通，便說自己的兒子也與自己的侍妾私通，不管這是不是事實，都必然會引起高歡心理上的接近，願意聽取司馬子如關於如何處理這一棘手問題的意見，這樣雙方便有了談話的良好心理環境。

司馬子如接著以婁妃與高歡昔日真摯的夫妻感情打動高歡，說道：「婁妃是大王的結髮妻，大王當年貧賤時，她常常以父母家的財產資助大王。大王在懷朔被罰以杖刑，背上被打得沒有一塊好皮，婁妃晝夜護理服侍。後來為了逃避葛榮，一同逃往並州，窮困潦倒，婁妃親手點燃馬糞做飯，親手縫製胡靴，昔日的恩義，怎可全能忘記！」

司馬子如還進一步表明婁妃撫養子女的功勞：「你們夫婦相處，家庭和諧，長女配嫁孝武帝，次女嫁於孝靜帝，兒子為世子，繼承家業。」

接著他又點明婁妃在朝廷的地位：「婁妃弟弟婁昭為領軍將軍，又怎可輕易搖動！」

最後論證犧牲一個侍妾與犧牲世子之間的輕重：「一個女子如同草芥，何況做證婢女的話不必相信呢！」

高歡被司馬子如的話所打動，但又不好直接轉彎，便叫子如重新審問。

司馬子如見到高澄，責備說：「男子漢怎麼能因為畏懼威勢而誣衊自己！」這等於暗示高澄反口供。

接著他又教兩個作證的婢女反供，脅迫那個告發的婢女自殺。這時，司馬子如報告高歡說：「果然是虛言。」

高歡非常高興，召見婁妃及高澄，夫妻、父子又和好如初。

司馬子如因此不僅牢牢地攀緊了「新貴」高澄這棵樹，同時也取得了「顯貴」高歡的歡心。當然，他的做法極不道德，但他勇於且善於為「上司」解決難題的精神值得我們深思。

第五章　幫助上司就是幫助自己

使上司感到不能缺少你

　　一般來說，由於能人在某些方面的能力有超群之處，所以才能在各項工作中發揮特殊的作用，或解決公司的各項難題，或打開工作的新局面，因而給大家帶來各種利益。

　　在圖書出版界競爭激烈的今天，某出版社的收益一年比一年下滑，員工的收入也一年比一年減少，員工人心不穩。年輕的編輯室主任小趙看到該社的圖書發行量明顯下降，就主動向社長提出，應當透過個人書商去擴大發行銷通路，並且拿出了一套具體計畫。社長表示願意考慮。為了使社長的興趣變成決心，小趙提出，這項方案的實施由自己來承擔。社長很快便同意了。小趙立下「軍令狀」之後，不辭辛苦，頂著酷暑烈日，騎自行車跑遍全城，將出書計畫和選題中的優秀書目，一個一個書商地進行具體宣傳和洽談。有時為了使書商相信圖書的社會效益和經濟效益，往往要來回折騰十幾次，終於使幾家書商願意合作，簽訂了代理銷售的合約。一年之後，該出版社的收益大增，員工的收入也有了較大的增加。眾望所歸，年輕的編輯室主任很快被提升為副社長。

　　任何上司都毫無例外地希望自己的下屬是一個有才有識、有膽有略、有德有績的人。這樣也展現了上司用人得當、領導有方。因而上司對有成績的下屬往往倍加讚賞和鼓勵，視為自己的得力助手，甚至很快委以重任，迅速提升為左右手。如果一生碌碌無為，毫無建樹，上司自然就會認為你能力有限，丟了他的面子，傷了他的心，果真如此，不僅你難以晉升，甚至現有職位也難保全，因此伸為下屬必須不斷開拓進取，做出實績，這既利國利民也利他、利己，何樂而不為。

　　正因為上司需要能做出成績的能人，所以你要使上司覺得不能缺少你。

　　不論有沒有越級的上司做靠山，頂頭上司始終掌握著你的命運，是不能不認真對待的人。對待頂頭上司的祕訣是：讓他感到不能缺少你。

　　要讓上司感到不能缺少你，有正道和邪道。從邪道來說，方法是壟斷某些消息和資料，讓上司要透過你才能了解周圍和下屬的情況。這樣一來，你便成了上司的耳目，非你不成了。不過要使邪道成功，從長遠來說，一定要有實際成績和表現。因為從公司的實際情況來看，沒有一個人是真正不可缺少的，所以千萬不能假戲真做，一個勁地自欺欺人。

　　因此，還得回到正道。任何下屬的作用，都是幫助、協助上司達到其事業上的目標。要做到這一點，首先要認同上司的事業目標和工作價值。上司認為公司應快速增長，你不能認為要循序漸進；他認為語文文法十分重要，你寫報告的文字就不能馬虎。其次，要擔任好互補的角色，他向外發展，你要守好大本營；他大刀闊斧，你要做些細部的整理工作。只有把這一套功夫做好了，與上司相處才能如魚得水。

不做越位的傻事

　　越位是足球比賽的一個專用術語。在千變萬化的職場生涯中，上班族也應對越位有一個明確的了解與認知。

　　一般來說，下屬在與上司的相處過程中，其行為與語言超越了自己的位置，就叫越位。下屬的越位分為：決策越位、角色越位、程序越位、工作越位、表態越位、場合越位以及語氣越位。下屬在幫上司的過程中，千萬不要越位，變幫忙為幫倒忙。

▌決策越位

　　處於不同層次上的人員的決策權限是不一樣的，有些決策是下屬可以

做出的，有些高層決策必須由主管做出。如果下屬按自己的意願去做必須應由主管決策的工作，這就是決策越位。

　　羅先生是某工廠分管生產建設的副廠長，而吳女士是基建科的科長，該工廠準備建一座新廠房，需從兩家設計公司中選擇一家來設計。依照廠裡的工作程序，應由羅副廠長帶頭共同確定設計公司後，再由基建科長吳女士具體整合實施，但甲設計公司透過熟人找到吳女士後，希望能夠承擔該工程的設計，吳女士為了討好設計公司，表示她本人同意由甲公司設計，但需羅副廠長也持此同樣意見。甲設計公司主管為了給曾是自己學生的羅副廠長一些壓力，就將吳女士的話告訴給羅副廠長。羅副廠長雖然本來也同意由甲公司設計該廠房，但對吳女士這種變相的決策越位做法十分不滿，從此對基建科長吳女士心存不滿。

▋ 角色越位

　　有些場合，如宴會、應酬接待，上司和下屬在一起，應該適當突出上司，不能喧賓奪主，如果下屬張羅過歡，過多炫耀自己，就是角色越位。

　　胡女士是一位不善言談、性格內向的私人企業家，而她的祕書李小姐則是一位相貌出眾、談吐幽默並具有鼓動力的女中豪傑。在胡女士的創業過程中，李小姐曾立下汗馬功勞，可以說，沒有李小姐，就沒有胡女士今天的企業。但當胡女士和她的祕書李小姐在一起的時候，周圍的人員都為李小姐的容貌和才華傾倒，因此言行舉止都以李小姐為核心，反而把胡女士當成李小姐的陪襯。在創業時，胡女士對這種現象只能忍受，但在事業有成的今天，胡女士已經忍無可忍，最終兩人反目為仇。

▋ 程序越位

　　有些既定的方針，在上司尚未授意發布消息之前，下屬不能犯自由主

義。如果搶先透露消息，就是程序越位。

趙先生是某縣長的祕書，該縣縣立幼兒園欲購置一批電子琴，請縣長特批一筆經費，經縣長辦公室研究後，同意撥款。但在趙先生和幼兒園園長的一次私人聚會上，趙先生把縣長同意撥款的消息先透露給園長。園長知道後就打電話給縣長，向上級主管對幼兒園的關心和支持表示感謝。縣長接完電話後對祕書的做法十分不滿，認為祕書沒經主管同意就對園長透露消息的做法有搶功之嫌，並覺得此人不可重用。

▌ 工作越位

有些工作必須由上司做，有些工作必須由下屬做，這是上司與下屬的不同角色。如果有些下屬為了顯示自己的能力，或出於對上司的關心，做了一些本應由上司做的工作，就是工作越位。

處長白先生在兩年前因合己救人的事跡而廣受讚揚，並因此被提拔為他的能力上並不十分勝任的局長職務，而副局長小王則是一位精明能幹、辦事果斷、為人熱情的年輕人。小王看到老白工作起來十分吃力，就幫助他做了很多本應由老白承擔的工作。起初，老白對小王還是十分感謝。但隨著時間的推移，不管是上級還是下屬，都覺得小王比老白更勝任局長的工作。老白心裡也有察覺，並對小王開始不滿起來。覺得如果讓小王頂替自己的局長位置，自己將會很沒面子，加上小王對此種現象又沒有採取積極主動的解決辦法。老白為了保住自己的局長位置，就將小王調至一個偏僻的小城，美其名曰：增加工作經驗。

▌ 表態越位

表態是人們對某件事情或問題的回答，它是與人的身分相關聯的，如果超越自己的身分，胡亂表態，不僅表態無效，而且會喧賓奪主，使上司

117

第五章　幫助上司就是幫助自己

和下屬都陷於被動。

　　某私立高中在某一年度超額完成了年度計畫利潤，主管為了提升大家的積極性，計劃給每個人分發 3,000 元的獎金，但按學校規定，需經人資部門批准。但經理考慮到此獎金標準大大高於學校其他教師的獎金，人資科長不一定能夠批准。因此就在人資科長到外地開會之時，直接找到和自己關係不錯的學校祕書長，學校祕書長答覆公司經理，此獎金可以發，但要等人資科長出差回來之後再辦具體手續。人資科長出差回來後，感到十分為難，如果不批准，將會影響員工的積極性，並引起員工對自己的不滿；如果批准，將會影響其他教師的積極性。人資科長只好把情況向校長匯報，校長雖然採取了折衷的辦法，但該校祕書長卻很難消除自己在學校留下的不好印象。

▎場合越位

　　有些場合，上司不希望下屬在場，下屬一定要了解上司有關這方面的暗示，否則就會造成場合越位。

　　朱博士剛分發到某局辦公室擔任主任，和局長同在一個辦公室工作。朱博士發覺走出校門之後，有很多課本之外的東西需要學習，而局長正是一個最好的好老師。局長的談吐、言行舉止和才智，正是朱博士學習的榜樣。朱博士想方設法和局長多在一起。有時，局長向朱博士暗示他需要和客人單獨談話，但朱博士還是沒有離開的意思，讓局長左右為難。有一次，朱博士的一位現任某外商公司總裁的大學同學要和局長進行高層決策的密談，礙於對大學同學的情面，不得不象徵性地邀請朱博士和局長一起用餐。沒想到朱博士卻真的跟隨他們一起去用餐，並影響了談判的進度。

後來局長伺機把朱博士調出辦公室，打入冷宮。

▌語氣越位

在和上司相處過程中，下屬如果不重視上司的社會角色，在對外交往過程中，說話過分隨便，往往容易造成語氣越位。

小肖大學畢業後到某公司從事內勤工作，公司經理是一個性格開朗、說話隨便並容易和大家打成一片的年輕小夥。平時大家在一起，相處得十分融洽，分不出誰是經理誰是職員。但是當公司對外談判時，小肖還像平時一樣，拍著經理的肩膀，大大咧咧地說：「老兄，今天去麥當勞還是肯德基？不用怕，我來買單！」這就是一個不當的語氣越位。

別把功勞掛在嘴邊

你跟對了人，與他一同開創事業，將一個小工作室逐漸變成了一個資產數千萬的大公司。其間，你付出的努力是公司上下有目共睹的。老闆也感激你一路的付出，提供給你重要的職務與高額的薪水。你覺得自己了不起，常常當著或背著老闆誇自己當年的功勞。你不止一次地說，要不是我當年怎樣怎樣，公司哪會有今天！

儘管你說的是實話，但你一而再地誇讚自己的行為，終於激怒了與你一路走過坎坷的老闆 —— 你被解職了。

你憤憤不平，你喋喋不休……

建功立業，成名成家，這是每個有抱負的人所夢寐以求的，但立了功，取得了成就，應該如何對待呢？晏子認為應該是「省行而不伐，讓利而不誇」。要及時總結經驗，反省自己的行為，檢討一下自己的過失，保持清醒的頭腦，不可驕傲自滿，到處誇耀自己的功勞，沉溺於過去的成

第五章　幫助上司就是幫助自己

功中。

　　一個人的功勞只能代表過去，未來的一切都必須重新開始，因此，做人應該有自知之明，任何時候任何情況下都應擺正自己的位置，保持自謙上進的品格。需知，「一將功成萬骨枯」，任何豐功偉績並不是某一個人能建立的，而且功高會招小人嫉妒，自誇功勞必招他人怨恨，凶多吉少。不爭功，不誇耀，像以往那樣盡忠盡德，則會更令人欽佩。

　　漢武帝末年，發生了「巫蠱之禍」，禍及衛太子。漢武帝在盛怒之下命令窮究衛太子全家及其黨羽。衛太子被迫自殺，全家被抄斬，長安城有幾萬人受到株連。由於丙吉原來擔任過廷尉右監，所以被調到長安監獄來專管犯有巫蠱罪的犯人。在獄中有一個剛生下才幾個月的嬰兒，是衛太子的孫兒，漢武帝的曾孫。丙吉奉詔令檢查監獄時，發現了這個小皇曾孫。他很可憐這個無辜的孩子也要受牢獄之苦，便暗中讓兩個比較寬厚謹慎、又有奶水的女犯人輪流餵養這個嬰兒，囑咐他們把嬰兒放在通風、乾燥的地方睡，注意嬰兒的冷暖。從此，他每天親自去檢查餵養情況，不準任何人虐待這個孩子。由於獄中條件差，幾個月的孩子在獄中多次得重病，多虧丙吉及時找獄醫診斷，讓人按時給孩子服藥，才使孩子轉危為安。病後體弱的嬰兒需要營養品，丙吉用自己的俸祿買好送去，關照奶媽精心照料孩子，這才使嬰兒在獄中能吃飽穿暖，並一天天長大。

　　巫蠱之禍案，因證據不足拖了幾年也沒法結案。後元二年，漢武帝病重，既迷信又怕死的漢武帝又懷疑是有人在害他。於是，一些心術不正的方士們又搞鬼生事了。他們乘機對漢武帝說：「我們看到長安監獄的上空有天子貴人的徵兆。」漢武帝聽了這些不法方士的鬼話後，就派人帶著詔書到長安的各個監獄去搜查，若查不到要找的人，就把關在監獄中的男女老少通通殺光，免生後患。

　　使臣晚上到了長安監獄，要進去搜查，丙吉大義凜然，立即關閉監獄大門，不準使者進去，還對使者說：「監獄裡面是有一個無辜而可憐的皇曾孫，平白無故地殺死普通的人都不應該，何況這個孩子是皇帝的親曾孫。」說完，丙吉就坐在監獄門口一直守到天亮，使者始終無法進去。

　　天亮後，使者只得回去稟報並彈劾丙吉犯了阻撓公務罪。漢武帝聽了稟報後，有所醒悟地說：「這大概也是天命吧！」於是下令把監獄裡關的死犯，一律免去死罪。丙吉甘冒風險，救下了皇曾孫。

　　丙吉知道，把皇曾孫長期放在長安監獄中總不是辦法，就想讓官府收養這個孩子。他請京兆尹（長安的最高長官）出面來辦此事，但是，京兆尹膽小怕事。出於無奈，丙吉只好再冒風險親自照顧這個孩子。由於孩子是在獄中長大的，體弱多病，在一次大病痊癒後，丙吉給皇曾孫取了個名字叫「病已」，意即病已全好了，再也不會得病了。後來，他了解到病已外婆家還有人，就派人把孩子送去，由他們照顧，使病已得以順利長大成人。

　　武帝死後，昭帝即位，但昭帝 21 歲就死了，天子帝位虛懸。丙吉此時擔任光祿大夫，他從朝廷大局出發，向霍光推薦立劉病已繼承皇位。他對霍光說：「皇曾孫劉病已寄養在民間，18、9 歲了。通曉經學儒術及治國之道，平日行為謹慎，舉止謙和，是理想的繼承人。」霍光同意他的意見，上書皇太后，立劉病已為皇帝。他就是歷史上有名的中興之主漢宣帝。

　　丙吉對劉病已在危難之中有養育呵護的大恩大德，現在劉病已當了皇帝，若是一般人就會把功勞一天到晚掛在嘴邊，並向皇帝伸手要官要權，甚至胡作非為。但是丙吉一貫為人厚道，在人面前從不說起自己過去對皇帝的恩德。漢宣帝根本不知道丙吉對自己有如此大的恩德，朝中也搞不清楚他對皇帝到底有多大恩德，所以漢宣帝即位後，只給他封了一個「關內

第五章　幫助上司就是幫助自己

侯」的爵位。丙吉毫無怨言，依然為國事盡心盡力。

出乎意外的是，掖庭令（負責管理宮女的太監）收到一個名叫則的老宮女的上書，自陳曾經有保護養育皇帝的功勞。漢宣帝下令由掖庭令去詢問則宮女。於是則宮女就說：「此事的詳情丙吉都知道。」掖庭令就把則宮女帶到丙吉的府中。丙吉還認識這個宮婢，指著她說：「是曾經讓你照顧皇曾孫，但是妳不盡心餵養，有時還打他，妳還有什麼功勞好講的。只有渭城的胡組、淮陰的郭征卿才是對皇帝有恩的人。」這時，丙吉才把這兩個乳母在獄中共同撫養皇曾孫的經過，一五一十地說了出來。漢宣帝這才知道丙吉是自己在大難之際的救命恩人，於是立即召見丙吉，稱讚他有如此大的功德，平時卻隻字不提，真是難得的賢臣。下令封丙吉為博陽侯，升任丞相。

臨到受封時，丙吉正好病重，不能起床。宣帝怕丙吉病死，一定要在生前對他加封，就讓人把封印紐佩帶在丙吉身上，以示對他的尊寵。但是，丙吉依然是那樣的謙恭禮讓，一再辭謝。當他病好後，正式上書辭謝對他的賞賜，說：「我不能無功受祿，虛名受賞。」漢宣帝非常感動，一定要封賞，丙吉才不得不接受。

丙吉這種有功不自誇的品德，不僅贏得了百官的讚賞，也更贏得了皇帝的信任。丙吉死後，漢宣帝還念念不忘，稱他是個難得的賢能丞相。

有功別自誇，誇耀自己的功勞，不僅不受人尊敬，在中國古代，甚至還可能招來殺身之禍。

三國時的許攸，本來是袁紹的部下，足智多謀。官渡之戰時，他為袁紹出謀劃策，袁紹不聽，他一怒之下，投奔了曹操。曹操聽說他來了，沒顧上穿鞋，光著腳便出門迎接，鼓掌大笑道：「足下遠來，我的大事成了！」可見此時曹操對他的看重。後來，在擊敗袁紹，占據冀州的戰鬥

中，許攸立了功。為此，他逢人便說自己如何有功。而且，自恃有功，在曹操面前很不檢點。有時，當著眾人的面直呼曹操的小名說道：「阿瞞，要是沒有我，你是得不到冀州的！」曹操在眾人面前不好發作，強笑著說：「你說得不錯！」內心卻已十分嫉恨。許攸並沒有察覺，還是到處誇功。有一次，隨曹操出鄴城東門，他又對身邊的人自誇道：「曹家要不是我，是不能從這個城門出出進進的！」

曹操終於忍耐不住，將他殺掉了。

看了以上一正一反的兩個例子，相信聰明的讀者一定會有所感悟。

第五章　幫助上司就是幫助自己

第六章　執行 ── 沒有任何藉口

第六章　執行—沒有任何藉口

　　巴頓將軍要提拔人時，常常把所有的候選人排在一起，提出一個他想要他們解決的問題。他說：「夥伴們，我要在倉庫後面挖一條戰壕，8英呎長，3英呎寬，6英吋深。」他就告訴他們那麼多。他有一個有窗戶或有大節孔的倉庫。候選人正在檢查工具時，他走進倉庫，透過窗戶或節孔觀察他們。他看到大夥把鍬和鎬都放到倉庫後面的地上。他們休息幾分鐘後開始議論他為什麼要他們挖這麼淺的戰壕。他們有些說6英吋深還不夠當火炮掩體。其他人爭論說，這樣的戰壕太熱或太冷。如果夥伴們是軍官，他們會抱怨他們不該做挖戰壕這麼普通的體力勞動工作。最後，有個夥伴對其他人說：「讓我們把戰壕挖好吧，至於那個老畜生想用戰壕做什麼是他的事。」

　　最後，巴頓說：「那個夥伴得到了提拔。我必須挑選不找任何藉口地完成任務的人。」

　　主管都需要這種不找任何藉口去執行命令的人。因此，記住自己的責任，無論在什麼樣的工作職位上，都要對自己的工作負責。不要用任何藉口來為自己開脫或搪塞，完美的執行是不需要任何藉口的。

尊重上司的決策

　　無論你在公司的職位有多高，只要你不是老闆或董事長，你就要謹記一點：你是來協助上司完成經營決策的，不是由你來制定決策的。所以，上司的決定，哪怕不盡如你意，甚至與你的意見完全相反時，你只有建議的權利；而當你的建議無效時，你應該完全放棄自己的意見，全心全力去執行上司的決定。誠然，上司的決策也有錯誤的時候，但這需要你自己嘗到苦果時他才會承認。你既不能事先加以肯定或指責，也不要事後加以抱怨或輕視他的決定。因為上司在做決定時，認為百分之百是正確的，所以

他才會這樣做。你只能在執行時，盡可能地使這項錯誤造成的損失降低到最低限度，這才是你應有的態度。

劉備領兵伐吳，遭到「火燒連營七百里」的大慘敗，這一軍事行動的決策，是一項極為嚴重的錯誤，當時身為軍師的諸葛亮，對劉備的這一決策，極不贊成，曾向劉備說明利害關係，希望劉備打消這一項決策。

但是，劉備認為自己有非出兵伐吳不可的理由，本來他對諸葛亮一向都言聽計從的，但這次他卻堅持自己的決定，非出兵不可。

諸葛亮一看改變不了「上司」的決定，只得調兵遣將，做周詳的安排，希望這次用兵能夠雖無大功，至少不要使損失太大。諸葛亮沒有因為劉備不聽他的勸告，而大鬧情緒，袖手旁觀。

劉備大敗後，諸葛亮到白帝城去見他，只說這是「天意」，沒有一點抱怨的意思。這種態度和作法，值得你好好地去體會一番。

有一位近年來一直為外籍人士工作的先生，很有感觸地說：「外籍上司最不喜歡聽到屬下在接受任務時說：『NO（不）』，而只愛聽他們說『YES（是）』。每當有工作要交給屬下處理時，外籍上司都希望屬下愉快地接受，然後說一句『OK！我一定會盡快辦好！』或者說『OK！我一定會盡最大努力去做！』

臺灣企業也一樣，工作中每個人都會碰到上司交代你任務的情況，這時，你會很自然地想到兩個問題：第一，這是一件非常艱巨的任務，需要花費你很大的精力和時間，我能不能辦？或者應該怎樣去辦？第二，向你安排任務的上司正在等待你表態，等待你給他一個明確的答覆，你是盡自己最大努力去做，還是對上司說「不」？

你如果是個經驗豐富的下屬的話，此時你就應該知道如何做才能令上司滿意。對第一個問題來講，你不應考慮過多，不要過多地去想完成這項

任務如何如何困難，更沒有必要現在就擔心我一旦無法完成會如何等等。你要牢記「事在人為」的道理和有志者事竟成的箴言，你還要明白你的上司不是初次與你接觸，他對你的能力和水準是了解的，對你能否完成任務，也是心中有數的。因此，你可以直接避開第一個問題，然後盡量用最短的時間來考慮第二個問題，用明朗的態度回答：「好的，我一定完成任務！」或「我會盡最大努力去做！」等等。這時，你的上司心裡就會有一種滿意感、解脫感，進而還會因為你能為他分擔重任對你產生謝意和更深的信任。

如果身為下屬不了解上司的心意和脾氣，在接受任務時支支吾吾，猶豫不決，或者認為此項工作難度太大而反問上司怎樣處理時，上司便會感到心中不快；與此同時，對你就會產生或多或少的不良印象，比如「缺乏自信心」、「不求上進」、「怕負責任」等等，天長日久，經常如此，你自己一再表現出在重要工作面前無能為力，能推就推，能躲就躲，令上司無法信賴，那麼離上司請你另謀高就的日子就不遠了。

有一位很有魄力、很有能力、也很能善解人意的上司，曾這樣說過：「每一件工作都有難度，特別是重要的工作，難度更大，正因為如此，才需要人們去完成。試想，如果一個人，連接受工作的勇氣都沒有，他又怎能產生解決困難的信心呢？怎麼能夠圓滿地完成它呢？而這樣的人又怎麼能夠贏得上司的信任呢？」

把藉口徹底拋棄

一份工作就意味著一份責任。在這個世界上，沒有不需承擔責任的工作，相反，你的職位越高、權力越大，你肩負的責任就越重。不要害怕承擔責任，要立下決心，你一定可以承擔任何正常職業生涯中的責任，你一定可以比前人完成得更出色。

　　世界上最愚蠢的事情就是推卸眼前的責任，認為等到以後準備好了、條件成熟了再去承擔才好。在需要你承擔重大責任的時候，馬上就去承擔它，這就是最好的準備。如果不習慣這樣去做，即使等到條件成熟了以後，你也不可能承擔起重大的責任，你也不可能做好任何重要的事情。

　　每個人都肩負著責任，對工作、對家庭、對親人、對朋友，我們都有一定的責任，正因為存在這樣或那樣的責任，才能對自己的行為有所約束。尋找藉口就是將應該承擔的責任轉嫁給社會或他人。而一旦我們有了尋找藉口的習慣，那麼我們的責任之心也將隨著藉口煙消雲散。沒有什麼不可能的事情，只要我們不把藉口放在我們的面前，就能夠做好一切，就能完全地盡職盡責。

　　藉口讓我們忘掉責任。事實上，人通常比自己認定的更好。當他改變自己心意的時候，並不需要去增進他所擁有的才能。他只需要把已有的技能與天賦運用出來就行。這樣，他才能夠不斷地樹立起責任心，把藉口拋棄掉。

　　千萬不要自以為是而忘記了自己的責任。對於這種人，巴頓將軍的名言是：「自以為了不起的人一文不值。遇到這種軍官，我會馬上調換他的職務。每個人都必須心甘情願為完成任務而獻身。」「一個人一旦自以為了不起，就會想著遠離前線作戰。這種人是道地的膽小鬼。」

　　巴頓想強調的是，在作戰中每個人都應付出，要到最需要你的地方去，做你必須做的事，而不能忘記自己的責任。

　　千萬不要利用自己的功績或手中的權力來掩飾錯誤，因而忘卻自己應承擔的責任。人們習慣於為自己的過失尋找種種藉口，以為這樣就可以逃避懲罰。正確的做法是，承認它們，解釋它們，並為它們道歉。最重要的是利用它們，要讓人們看到你如何承擔責任和如何從錯誤中吸取教訓。這不僅僅是一種對待工作的態度，這樣的員工也會被每一個上司所欣賞。

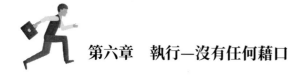

不要有對立情緒

在執行時不但要把藉口全部拋棄，同時，心中也不要有對立情緒。因為，這種對立的情緒勢必影響你執行的結果。

從人性的角度出發，謀求個人利益、自我實現是天經地義的。在此認知之下，許多年輕人以玩世不恭的姿態對待工作，他們頻繁跳槽，覺得自己工作是在出賣勞力；他們蔑視敬業精神，嘲諷忠誠，將其視為老闆剝削、愚弄下屬的手段。他們認為自己之所以工作，不過是迫於生計的需要。這些人不知道，個性解放、自我實現與忠誠和敬業並不是對立的，而是相輔相成、缺一不可的。

對於上司而言，集體的生存和發展需要下屬的敬業和服從；對於下屬來說，需要的是豐厚的物質報酬和精神上的成就感。從表面上看，彼此之間存在著對立性，但是在更高的層面，兩者又是和諧統一的。公司需要忠誠和有能力的員工業務才能進行；員工必須依賴公司的業務平臺才能發揮自己的聰明才智。

為了自己的利益，每個上司只會保留那些最佳的下屬 —— 那些能夠忠實地完成上司交付的任務而沒有任何藉口和抱怨的下屬。同樣，也是為了自己的利益，每個下屬都應該意識到自己與上司的利益是一致的，並且全力以赴努力去工作。只有這樣，才能獲得上司的信任，並最終獲得自己的利益。

國外許多公司的應徵員工時，除了能力以外，個人品行是最重要的評估標準。沒有品行的人不能用，也不值得培養。因此，如果你為一個人工作，如果他付給你薪水，那麼你就應該真誠地、負責地為他工作，稱讚他、感激他，支持他的立場，和他所代表的機構站在一起。

也許你的上司是一個心胸狹隘的人，不能理解你的真誠，不珍惜你的忠心，那麼也不要因此而產生牴觸情緒，將自己與公司和老闆對立起來。不要太在意老闆對你的評價，他們也是有缺陷的普通人，也可能因為太主觀而無法對你做出客觀的判斷，這個時候你應該學會自我肯定。只要你竭盡所能，做到問心無愧，你的能力一定會得到提高，你的經驗一定會豐富起來，你的心胸就會變得更加開闊。

身為下屬，你有必要回顧一下一天的工作，捫心自問：「我是否付出了全部精力和智慧？」只有以這種心態對待公司，你就會成為一個值得信賴的人，一個老闆樂於僱用的人，一個可能成為老闆得力助手的人。更重要的是，你能心安理得地入眠，因為你清楚自己已全力以赴，已完成了自己所設定的目標。

一個新企業會重視將公司視為己有並盡職盡責完成工作的人，他會得到工作給他的最高獎賞。這樣的獎賞可能不是今天、下星期甚至明年就會兌現，但他一定會得到獎賞，只不過表現的方式不同而已。當你養成習慣，將公司的資產視為自己的資產一樣愛護，你的老闆和同事都會看在眼裡。我相信，這樣的員工在任何一家公司都是受歡迎的。

不要感慨自己的付出與受到的肯定和獲得的報酬不成比例，不要老是覺得自己得不到理想的薪資，不能獲得上司的賞識。這樣的情緒是產生藉口的溫床，你的產品就是你自己。

對立情緒要不得，以老闆的心態對待公司，這是許多大企業正在倡導的一種企業精神。試想一想，假設你是老闆，你自己是那種你喜歡僱傭的員工嗎？

你在得到答案的同時，也得到了你該如何做的答案。

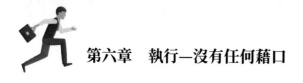

第六章 執行─沒有任何藉口

第七章　給你的上司一塊奶酪

第七章　給你的上司一塊奶酪

心理學研究發現，人性都有一個共同的特質，即每一個人都喜歡別人的讚美。一句恰當的讚美猶如在點心中夾著一塊奶酪，使人甜在心裡。因此，適度的讚美是贏得上司的青睞、縮短與上司距離的重要方法。

上司也都是血肉之軀，他們同樣需要他人的讚賞與獎勵。我們對上司讚賞的目的是使他們領會到我們的真誠，同時也得到他最真誠的幫助，形成一種良好的上下級的關係。

讚美上司的 8 大原則

值得注意的是，讚美不是「拍馬屁」，而是一門藝術。

▌讚美上司要不卑不亢

有人認為活著就是為了升官發財，就需要借助別人尤其是上司的力量，而「溜鬚拍馬」是最容易贏得上司青睞的方法，故而不擇手段，以喪失人格和尊嚴為代價換取一時的利益，實在不可取，也是與上司相處的忌諱。

不卑不亢是稱讚上司的原則，也關係人格和尊嚴的問題。

▌讚美上司要恰到好處

恰到好處的讚美被譽為「具有魔術般的力量」、「創造奇蹟的良方」，稱讚他人是一種內功，稱讚應讓人感覺到是發自內心的，而不是恭維、阿諛、拍馬屁。

讚揚與欣賞上司的某個特點，意味著肯定這個特點。只要是優點，是長處，對集體有利，你可毫不顧忌地表示你的讚美之情。上司也是人，也需要從別人的評價中，了解自己的成就及在別人心目中的地位，當受到稱讚時，他的自尊心會得到滿足，並對稱讚者產生好感。如果得知下屬在背後稱讚自己，還會加倍喜歡稱讚者。

▌讚美上司要有所選擇

人不分男女，無論貴賤，都喜歡聽合其心的讚美。同是這種讚美，能給他們加倍的能力、成就和自信的感覺。這的確是感化人的有效方法。

然而，讚美不當，恰似明珠暗投，更有甚者，反而激起疑慮，甚至反感。

要使讚美能夠奏效，只要我們心中掌握各人性情的不同之處，便能區別對待，有的放矢，因而達到目的。

自大狂的人，最愛虛榮，他們在下意識中，無論何時何地，都喜歡別人對他阿諛奉承，於是便欣然露出喜色。

但棟梁之材則不然，他們只在某幾種情形上，喜歡讚美。石油鉅子洛克斐勒和鋼鐵大王卡內基這樣的人，也是願意別人讚美的。著名記者凱雷，曾有過下面的描述：「倘若有人稱讚洛克斐勒的瑣細的家政，他會樂不可支，並且他還喜歡聽別人說，他對慈善事業和捐資辦學是多麼熱心。有一次，我對他的讚美不過是讚美他對學校一群孩子發表的演說，而他就高興得像孩子一樣。」凱雷又說：「鋼鐵大王卡內基很容易對別人敞開心扉，回答他平時不願回答的問題。只要你讚美他某次演說是怎樣的動人、有益。但讚美他們的商業才能，是絕不會使他們發生興趣。他會覺得你是沒有誠意或愚蠢的然而你對他們『家政』和『演講』的讚美，他們聽了為何非常興奮呢？因為這是完全別緻的題材，也是他們癖好的虛榮。」

幾乎任何人都有這種癖好的虛榮，其重點往往在他們覺得無大把握的事情，但他們極樂意看到自己在這些沒什麼把握的事情上表現不凡，獲得別人的稱讚。當你對他們這些沒把握的事情中任何一椿加以頌揚時，都會發生你所期望的功效。

吉斯菲爾伯爵說：「各人有各人優越的地方，至少也有他們自以為優

第七章　給你的上司一塊奶酪

越的地方。在其自知優越的地方，他們固然願意得到他人公正的評價。但在那些希望出人頭地而不敢自信的地方，他們特別喜歡得到別人的讚美。」

有一位非常精明幹練的人叫沃普爾，吉斯菲爾對他評價道：「他的才幹是不容別人讚美的，因為對於這一點，他自己知道得很清楚。但他常常自認為在對待女人方面，是一個浮滑之徒，而願意別人談他溫厚文雅。因此，他在這一點上是極易被人恭維奉承的，這也是他常常愛好與人交談的話題。由此可以證明，這是他的弱點所在。」

在此，我們得到一把鑰匙來打開他人的癖好虛榮之鎖。

吉斯菲爾進一步指出：「你若想輕易地發現各人身上最普遍的弱點，只要你觀察他們最愛談的話題便可。因為言為心，他們心中最希望的，也是他們嘴裡談得最多的。你就在這些地方去搔他，一定能搔到他的癢處。」

凱雷的經驗告訴我們，幾句恰到好處的讚美，之所以造成金石為開的作用，皆因他能找到各種不同的典型人物所癖愛的虛榮。他自己對讚美的妙處總結道：「有一回，我得到機會對身居最高法院大法官的博羅試用讚美術。你知道，大法官總是鐵面無私的一副面孔，其內心世界隱藏得很深，一般人想讚美他，恐怕馬屁會拍到蹄上了呢。那時，博羅剛剛在西部某大學做完演講。但我很明白，如果我對這位老先生說一些關於他的演講的話，是不會討好他的。因為演講對他來說，已經是老調了，可以說猶如錦囊探物一般有把握。於是我對他說：『大法官，我真想不到一位主宰最高法庭的人，會這樣富有人情味。』他立刻對我發出會心滿意的微笑。」

「有不少人，他們喜歡聽相反的話；更有許多的人，喜歡別人把他們當作有思想、有理智的思想家。有一回，我與一個人討論一件頗有爭議的

社會問題，我對他說：『因為你是這樣的冷靜、敏銳，因此我想知道，我們究竟應該站在什麼立場？』，他聽了我的話，立刻現出滿面春風的樣子，並詳細對我說了他對此事的立場態度。原來此人是願意人家看他是敏銳、冷靜的。」

吉斯菲爾也告訴我們：「幾乎所有女人，都是很愛美的，這是她們最大的虛榮，並且常常希望別人讚美這一點。但是對那些有沉魚落雁之容、閉月羞花之貌的傾國傾城的絕代佳人，那就要避免對她容貌的過分讚譽，因為她對於這一點已有絕對的自信。如果你轉而去稱讚她的智慧、仁慈，如果她的智力恰巧不及他人，那麼你的稱讚，一定會令她芳心大悅，春風滿面的。」毫無疑問，吉斯菲爾的話，能啟發我們如何讚美女上司的思路。

要選擇上司最喜歡或最欣賞的事和人加以讚美。卡內基說：「打動人心的最佳方式是跟他談論他最珍貴的事物，當你這麼做時，不但會受到歡迎而且還會使生命擴展。」切忌對無中生有的事加以讚美，若你這樣做，會使人們感覺到你是在「溜鬚拍馬」而心生厭惡。

另外，不要在讚美上司時同時讚美他人，除非他是上級最喜歡的人。即使這樣，你在讚美他人時也應掌握一個標準。

▌讚美上司要實話實說

溜鬚拍馬的另一個特點就是說謊話、說大話、脫離事實，在外人看來是無稽之談。讚美必須是由衷的，虛情假意的恭維不但收不到好的效果，甚至會引起對方的鄙夷及厭惡。

上司也不蠢，他們知道自己的優缺點所在，如果有人胡亂奉承，他們也不會胡亂接受。即使表面上像是接受了，而實際上也能夠分辨出誰在胡言亂語，誰是忠誠踏實。

第七章　給你的上司一塊奶酪

▋以公眾的語氣讚美上司

　　有人認為要透過讚美上司得到上司對自己的好感，於是不失時機地表達自己的贊語，還有的乾脆把別人稱讚上司的話作為自己的話說出來。比如說：「我覺得您怎樣怎樣」，這樣的讚揚其實是一種最低層次的、狹隘的、不高明的做法。

　　上司固然想知道自己在個別下屬心目中的形象，但他更關注的是自己在大家或公眾心目中的聲響。一個人的讚揚只能代表稱讚者本身對上司的看法，而一般的上司都明白一個道理，一個人說好不算好。高明的稱讚要加上公眾的語氣，以公眾的目光來稱讚上司，並把自己的讚美融入其中。

　　以公眾的語氣稱讚上司代表的是同事集體的一致看法，不僅可以避免同事的妒忌和非議，而且還把同事的好的看法傳達給上司，可贏得同事的尊重。在上司看來，這樣的讚美沒有個人動機在裡面，不是拍馬溜須，容易自然而然地接受。

　　以公眾的語氣稱讚上司必須符合實際，真正代表大家的共同看法，否則就與拍馬溜鬚糾纏不清了。如果大家實際上對上司的某一做法不滿意，而謊稱「大家一致認為您的做法很好」，不僅欺騙了上司，也篡改了群眾意志，最終有一天會露餡。

　　以公眾的語氣稱讚上司，需要注意下面幾點：

- **平時注意觀察同事對上司的反應**：眼觀四面，耳聽八方，蒐集各種訊息，並善於歸納出一些大家都贊同的好的事情。常言道：凡事豫則立，不豫則廢。平時如果不留心別人怎樣看待上司，當自己稱讚上司時頂多只能談談一己之見。

- **以公眾的語氣稱讚上司還要有寬廣的胸懷**：有人奉「人不為己，天誅地滅」為經典，處處為自己私心所困，心胸狹隘，不僅妒忌別人稱讚

上司，更沒有勇氣把同事稱讚上司的話傳達給上司，生怕這樣做是徒勞無功。這樣的人既不能贏得上司的信任，也不能獲得同事的好感，最終不能成就大事。只有心懷坦蕩、心底無私的人，才有勇氣和信心把大家稱讚上司的意見轉達給上司。

- **要注意在公共場合多以公眾語氣稱讚自己的上司**：上司的形象需要時時處處維護，尤其在公共場合，上司更希望得到認可和稱讚。比如會議、參觀訪問等，上司很需要推銷自己，靠自己自吹自擂顯然不行，此時，下屬若以公眾的語氣宣傳自己的上司、稱讚自己的上司，更容易讓別人接受，更具有說服力。

▌讚美上司要注意場合

讚美上司也要「因地制宜」，因場合和情景不同採取不同的方式。這裡列舉幾種特殊場合分析一下稱讚上司時應注意的事項。

(1) 當著上司親屬的面稱讚上司

在很多公司，因各種原因，下屬經常能碰到上司的親屬。上司在家人面前往往很要面子，此時不僅需要下屬表現得「聽話、順從」，還很希望下屬能當著上司親屬的面「美言」兩句，長長上司的面子：

- 抓住上司與其親屬間的共同特點加以稱讚。一家人總有一家人共同的性格、愛好、能力等方面的特點，一般地講，讚揚這些方面的同時就讚揚了上司一家人。
- 當著上司親屬的面稱讚他，可以代表集體的看法，以集體的口吻來進行稱讚。
- 要坦率、真誠，說話不要含糊，更不要吞吞吐吐，讓人聽起來好像言不由衷或有所保留。

- 不要片面追求全面稱讚，稱讚不要過於具體。上司在公司和家庭之間的表現不盡一樣，有些表現差距很大，稱讚的方面過多，必有不當之處反被其親屬抓住。

(2) 當著上司上級的面稱讚上司

你的上司也有上級，你的上司的評語和晉升是由他的上級掌握的。你的一句或許不經意的話也可能成為上司的上級給你的上司評定功過是非的依據。還有一個層面的問題需要注意，即你對上司的讚揚和評價能否使他的上級接受？所以此時的讚美要慎而又慎。

不論在企業還是在政府機關，你、你的上司以及你上司的上司三者關係比較微妙。

首先，從眼前看，你必須在上司的手下工作，必須與他打好關係；但從長遠看，你畢竟又是他的潛在威脅，終有一天他會被取而代之；他被取而代之的權力並不掌握在你的上司的手裡，他無論多麼好，也不會心甘情願地給你讓位子，你的晉升機會掌握在你的上司的上級手裡，所以你同時還要與你的上司的上級做好關係。這就是稱讚你的上司之前必須深明的一條原則，合此原則就會碰壁。

其次，要弄清楚你的上司與他的上級之間的共同點和分歧點，弄清楚他們倆矛盾的情況。對他們的共同點可以稱讚一番，而不必擔心得罪什麼人。對他們的分歧要實事求是地發表自己的看法，沒有必要極力恭維或刻意討好兩者中的一個。

此外，在這種情況下，明智的做法是不要妄加評論，更不要摻雜一些是非在裡頭。評價上司不是一件容易的事情，如果你的上司與他的上級關係很好，讚美誰都無所謂，效果肯定差不了。如果三個人都在場，不好開

口發表意見，倒不如坦誠地說：「我不過是個小兵，對上司的事說了也沒權威性，還是上司的鑑定具有說服力。」這樣的答案讓誰都不會難堪。

(3) 在交際場合怎樣讚美上司

常言道：強將手下無弱兵。上司的能力強、本事大、名譽好，下屬也差不到哪兒去。所以，在交際場合，在介紹你的上司時，先進行一番讚美，對推銷你的上司和你都是絕對必要的。

總結經驗，在交際場合讚美上司要注意下列事項：

- 要言簡意賅。因為時間限制，不要囉嗦，概括性地讚美幾句，把主要的話點出來即可。
- 要使讚美的話確實造成推銷上司的作用，而不是相反。
- 要讓上司成為大家關注的中心，可以想方設法創造條件，並且要記住：自己千萬不能搶「鏡頭」。四是要根據需要提前打好腹稿，從從容容地讚美。

▌越具體的讚美效果越好

在與上司相處過程中，「無意」的讚美有助於協調人際關係。「無意」就是不經意說給被讚美者聽的讚美，這種讚美往往被人認為是發自於內心，因而是最真誠的讚美。《紅樓夢》中有這樣一段故事：有一次，賈寶玉因為史湘雲、薛寶釵勸他為官從政，便對史湘雲和襲人讚美林黛玉道：「林姑娘從未說過這些混帳話，要是她也說這些混帳話，我早和她生分了。」碰巧黛玉這時剛好來到窗外，無意聽見，使她「不覺又驚又喜、又悲又嘆」。結果寶黛感情大增。在黛玉看來，寶玉在湘雲、寶釵和自己三人中只讚美自己，而且他並不知道自己會聽到，這種讚美是很難得的。倘若寶玉當著黛玉的面說這番話，好猜疑的林黛玉恐怕還會說寶玉開她玩

笑或想討好她呢！

無意的讚美，雖然出自無心，但可以得到意想不到的成功。

▍控制讚美的頻率

儘管人人都渴望讚美、需要被人讚美，但對他人的讚美是否是多多益善呢？事實證明，在特定時間內，一個人讚美他人的次數、尤其是讚美同一個人的次數越多，其作用力也就越低。所以我們應該記住，儘管人們需要讚美，但千萬不要濫用讚美，任何事物一旦太多了，就會走向反面。如果你太頻繁地讚美別人，別人對你的讚美就覺得無所謂了，甚至還會認為你是一個以虛譽釣人的獻媚者。在這種情況下，你讚美別人一次，別人就會增加一份對你的警惕和反感。

美國心理學家的研究也顯示：人們總是喜歡那些對自己讚美有加的人，在自始至終都讚美自己的人和由最初貶低自己逐漸發展到讚美自己的人兩者之間，尤其喜歡後者。因為相對來說前者容易讓人認為他是一個「和事佬」，而人們對後者的印象是：剛開始時他說我不好一定是經過考慮、分析的，可能有他一定的道理，現在他說我好，一定是深思熟慮的結果，因而認為對方可能更有判斷力，進而更喜歡他。

找準讚美上司的「穴位」

前面談了讚美上司的原則，現在我們來分析如何令讚美有的放矢。

▍人格魅力

人格是人在現實生活中比較穩定的人生態度和行為表現的個性心理特徵。人格是由多種因素的長期潛移默化而形成的，是一個異常複雜的動態的心理構成物。

對於上司而言，富有人格魅力在於富有仁愛之心，有較強的責任心，隨和謙虛，信守諾言，對人一視同仁，而又有探索精神等。上司最大的力量並不是手中的權力，而是富有仁愛之心。有了仁愛之心，員工會心甘情願地為他效力；有了仁愛之心，他將贏得很多優秀人才……

讚美上司的仁愛之心是很容易獲得認同的。

傳說古代有這麼一個故事。晏子是齊國口才極好的人，當時的國君齊景公年紀很小，十分貪玩，不肯好好管理朝政，卻整天在外嬉戲。群臣憂心忡忡卻又無可奈何。一天，晏子上朝時對景公說：「我聽說主公昨日從鳥巢中取出雛鳥，憐其幼而送回，主公真是有聖人的修養。對鳥獸尚且如此仁愛，何況百姓呢？有您這樣的國君，真是我們齊國老百姓的福分哪！」景公聽了這話，既高興又慚愧，從此收起心來管理國家。

晏子誇景公仁愛，收到了良好的效果。每個上司都願意有一個富有愛心的社會形象，即使是慈禧太后那樣不擇手段的人也是想扮演一個「仁愛君主」。唯有愛心才能換回更多的愛。

如果，你所了解的是他對別的同事的仁愛之舉，你就用真誠的語調，讚賞的表情，敘述其仁愛之處。如果上司對你關愛有加，你可以用感激之心，生動而細緻地進行讚美。你的感激會使上司很受用，你的讚美則使上司更加垂青於你。

▌責任心強

上司是負責之人，大多都有一定的責任心。他們會承擔一些工作的責任，勇於承擔、負責任的主管是最有魅力的。因為下屬在工作中需要一個成長的過程，可能會出現一些失誤，那麼，身為一名優秀的主管則鼓勵勇於創新、大膽開拓，有了差錯，可以為他承擔一些責任。主管為職員承擔是很值得讚美的話題。

第七章　給你的上司一塊奶酪

　　小柴是一家建築公司的技術人員，由於材料運用方面的判斷失誤，給公司帶來了近 20 萬元的經濟損失。他的項目經理表示是他沒有把好關，並表揚小柴已拿出了相應的對策。小柴對此特別感激：「有你這樣勇於承擔的主管，我們也就做得更有勁了。」

　　主管的責任心可從多方面展現出來，比如對企業所承擔的責任，不將責任推給副手或員工。有些主管會在出成績時站出來，享受榮譽；出問題時，則認為是工作人員的過失。其實，一個有責任心的主管是一個考慮問題很全面的人，敢作敢為，哪怕天塌下來也勇於挑起。

　　責任心是主管的素養，主管在這方面做得成功，就要及時讚美，當然，事後也可讚美，總之，讚美其優秀之處是可取之舉。

▌信守諾言

　　下屬頗為反感出爾反爾的上司，誠信，是主管者必備的素養。當群眾對領導者充滿信心，充分信任的時候，領導者的工作也就比較好開展。

　　松下幸之助不僅是成功的企業家，也是一位把目光投向 21 世紀的社會研究工作者。他特別講求誠信，提倡「剛正不阿」。松下強調一個人必須要培養「率真之心」，認為這是「判斷與處理一切事物的基礎。」他主張「以誠待人」、「光明磊落」、「剛正不阿」應當是每個人處世待人的基本態度，應「堂堂正正地做人」。

　　松下的誠信贏得了職員的信賴，也帶來了企業的成功。

　　對於信守承諾的主管，可以把讚美傳達給第三者，這是「廣而告之」的，主管必然也會聽到的。這樣，將會使主管的形象更完善。

　　如果主管對你說工作達標之後將給予什麼獎勵，他兌現了許諾，那麼可直抒胸臆表達感激和讚美。

▎賢明大氣

　　身為主管都願意表現賢明大氣的形象。賢明大氣是一種風度和素養。事實上，不少上司難免不具備小家子氣，有些俗氣、狹隘，所以賢明大氣成了難得的閃光處。

　　讚美上司賢明大氣是沒有人會拒絕的。當然，稱讚這些特點時，最好要以事實為根據，顯得頗為有力度。

　　蘇秦被譽為戰國時期的說客之冠，他以非凡的才智遊說六國合縱聯盟，尤其是在遊說韓宣王時，他不亢不卑的言辭贏得了韓宣王的信任。蘇秦見到韓宣王后說道：「韓國北面有鞏邑、成皋這樣的堅固的城池，西面有宜陽、商阪這樣的要塞，土地縱橫九百餘里，擁有軍隊好幾十萬人，普天下的強弓勁駑都從韓國出產，韓國的兵士又都能征善戰。憑著韓國兵力的強大和大王的賢明，卻侍奉秦國、拱手臣服，使國家蒙受恥辱，以致被天下人恥笑，實在是不應該呀！」蘇秦為了激發起韓宣王的信心和勇氣，對韓國的軍事實力進行了具體的分析並大加讚揚，具體、真實，畢竟韓國是當時七雄之一，其實力是相當強大的。

　　蘇秦的讚美不僅討得韓宣王的喜歡，而且還使韓宣王合縱抗秦了。

　　上司總會有其賢明之處的，哪怕是一件微小之事上，你都可以讚美。如果他沒有什麼賢明之舉，那麼他的業績也可歸其為賢明之緣故，讚美，有時也是一種暗示。即使是奸詐之人，也會因為「賢明」之桂冠而顯得有幾分通情達理。

　　你的上司在公司的大是大非面前是否有賢明大氣的表現，在對待員工的前途、生活方面是否有賢明大氣之處，在與別人合作時是否有賢明大氣的地方……總之，用心捕捉是不難發現的。

第七章　給你的上司一塊奶酪

賢明大氣是大家風範，對其讚美，可用發自內心的情感由衷讚美。同時，可加入外界或同事的感慨，就更有說服力。

▌才能

才能、成就，是大家都羨慕的，也是能夠引起讚美的地方。讚美才能、成就也是有些技巧可循的。

主管最為重要的才能是管理方面，其次才是專業方面的才能。MBA的興起、熱門正是因為大家對管理才能的重視和需求。

宋徽宗寫得一手好字，常自鳴得意地詢問大臣：「我的字怎麼樣？」大臣們異口同聲地誇讚：「聖上的字好，天下第一。」見大家讚不絕口，徽宗更加得意。有一天，他召來書法家米芾，問：「米愛卿，朕的字你看如何？」米芾知道徽宗的書法不如自己，但又不好當著皇帝的面誇耀自己第一，於是靈機一動，回答說：「臣以為，在皇帝中，聖上的字天下第一；在臣民中，則微臣的字天下第一。」徽宗聽後笑了，誇讚米芾回答得妙。

米芾實事求是且又乖巧地回答了棘手的問題。才能，原本就是相對而言的。領導者，有時覺得自己各方面都應在別人之上，那麼，對此就要懂得選好合適的參照物，進行合情合理的稱讚。

▌身分地位

我們應該承認，主管的身分地位是有異於下屬的，也是其威懾力之一。身分地位也是奮鬥的結果，可進行讚美。

領導者的地位決定了他手中的權力，辦事的精神，才能的展示方式。謙遜隨和的領導者，似乎與大家打成一片，但其地位的特殊性，還是決定了他的出類拔萃。

明代才子解縉有次陪同太祖朱元璋在金水河釣魚，整整一上午一無收

穫。朱元璋十分懊喪，便命解縉寫首詩。解縉犯了難：皇上沒釣到魚，已經夠掃興了，如再來一首掃興的詩，那豈不會令龍顏大怒？但解縉畢竟不同凡響，他略加思索，一首詩便脫口而出。

> 數尺綸絲入水中，
> 金鉤拋去永無蹤。
> 凡魚不敢朝天子，
> 萬歲君王只釣龍。

朱元璋聽了，笑逐顏開，剛才的煩惱煙消雲散。

解縉的詩起了奇妙的效果。他強調了皇上的高貴地位，與平常百姓是有所反差的：普通人釣魚，天子則是釣龍的，這金水河裡沒有龍，而凡魚沒有資格朝見帝王，所以你什麼也沒有釣上。這回答多麼在「理」，多麼乖巧。

地位不同，不可避免地存在著差異。權高位重的人，他所面臨的問題，所要承擔的責任不是一樣的。在交談中，透過強調這種事實去讚美他的令人羨慕之處。

▌ 決策能力

身為主管，無一例外地需要做出一些決策，決策的好壞關係到企業的前途命運，關係到職員的生存發展，所以主管的決策能力是值得讚揚之處。

主管的身邊有許多不同的人，他們會得出不同的意見，主管就會產生瞻前顧後的心理，而且未必能堅定不多地沿著自己的正確決策往前走。

▌ 成就

成就感，是主管者相當注重的東西。誇獎主管的成就，就是將其成就很好地表達出來，讓他獲得強烈的心理滿足。

第七章　給你的上司一塊奶酪

　　成交上千萬元的買賣是一種成就，辦理幾十元的小生意也是一種成就，成就原本就無定論。如果你的上司做的事情不是很大，公司發展較為緩慢，那麼，你可以強調從無到有已是很不錯了（如果他是創業者）；或者對他說：現在的企業已倒閉了不少，能維持的公司已算是經營有方了。你的上司並不會認為你在刻意地奉承他，而是以為你言之有理，心理頗為平衡，並有一些成就感。

　　你的上司正好取得了事業上的成功，那麼，你就由衷地去讚美——你為他的成功而自豪。他那最閃亮的一刻是他自我價值得到最大張揚的一刻，你可以淋漓盡致地讚美其事，並表達你的崇拜。無論如何，主管都無法拒絕別人的崇拜。崇拜將使上司的成就感更為強烈，並深感自己價值的存在。

　　讚美上司的成就感時，可表達關心。成就是需要辛勤勞動的，身心會很累很累，那麼這種關心會讓人心醉。

　　你不妨對上司說：「周總，聽說我們公司又兼併了一家公司，你真有能耐。不過，你別太操心，多保重身體……」

　　「劉經理，我們公司的股票已上市了，大家都挺高興的，說你特『神奇』。只是，你又瘦了一些，還需多補一補身體，也要忙裡偷閒歇一歇，你是大家的支柱。」

　　關心的話語，會使主管深深地感到自己的成就已得到了大家的共享，也因此而更得意。

　　讚美主管的成就時，還可表達你的信賴。比如：「鄭總，大夥兒私下都在誇你的成就，有你的帶領，我們的前途會很美好的……」

第八章　忠言不一定非得逆耳

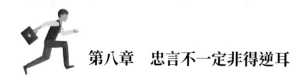

第八章　忠言不一定非得逆耳

　　當上級工作中出現或將要出現錯誤時，身為下屬的你有義務提出來。這不僅利於整個集體，也有利於「推銷」自己。不過，你在建言時一定要注意方法與策略。

　　「直言諫上」固然是一種美德。但古往今來虛懷若谷、從善如流的明主是極為少見的，如果不問對象、不分場合地一味使用「直言取諫」，很容易使上下級關係弄僵，有時甚至反目為仇。其實，對上級主管的忠言，可以透過讚揚、稱頌的方式出現。雖說「忠言逆耳利於行，良藥苦口利於病」，但事實上「忠言」可以做到不「逆耳」，「良藥」未必都「苦口」。

提建議之前要做準備

　　幾乎每一個下屬都有一個或多個想法，並且無不自信這些想法若被實施將會大大提高部門的工作效率。真正有事業心的下屬常向他的上司提供建議，但是要切記：做這種事不必太急。

　　首先，從上司的角度來看，你那自認為高明的想法也許沒什麼了不起──事實上，也許很不成熟。而且，你要記住，他的看法與你完全不同。有許多內在的因素你大概並不十分清楚，但當把它們與其他事物放在一起時，就很可能明顯地表現出來。你的建議會打亂他腦子裡的其他計畫或是他正在實施的某個方案。你的建議有可能使你的上司與部門的其他成員，包括他的上司在內的人發生衝突，至少，實施你的建議很可能耗費他的時間。即使你認為，從長遠的觀點來看，你的建議會節省他的時間，但你要記住，管理者往往是注重短期行為的。

　　還有一個因素值得考慮：提出一個改進工作的建議，事實上意味著你認為目前的工作並不理想。換句話說，這裡面含有一種批評的弦外之音。接受你的建議可能就要求上司承認，至少是默認，在他的工作中有不足之處。

提出這些勸告並不是說你完全不能給上司提建議。但是，當你真的提建議時，你應當慎重行事。首先，注意選擇提出建議的時間和地點。如果要提的建議有助於解決上司在認真思考的問題的話，那麼很顯然，你在這時提出的建議一定會引起他的重視。而且，上司在情緒良好的時候一般更容易接受你的意見。還有，給上司提建議時，無人在場要比有人在場好，除非你有把握相信，其他人會支持你的建議，並且上司對他們的支持反應良好。

其次，提建議的方式以盡可能少地打擾上司的日常工作為宜。通常的方法是事先做好大量與實施你建議有關的工作。例如，如果你認為上司應該通知生產部門注意某些顧客對產品品質的抱怨，那麼，你可先試著為上司草擬一封信件。如果你很了解上司的話，那你在提建議的時候就可以把這封信交給他。一般而言，讓上司簽字總比讓他撰文要容易得多。

最後，在從上司的角度考慮好問題之前，不要竭力向他提出你的任何主張。推行組織變革很像打撞球。當你擊球的時候，不僅要考慮球要往哪裡打，而且還要考慮它碰上別的什麼球以及它們又滾向哪裡。現代企業是一個由許多相互關聯、極為敏感的部門組成的複雜的有機體。身處高位的上司比你更能看到並估算這些部門之間的相互作用。但是，只要你密切注視正在發展的事物，只要你保持與你工作範圍內外的其他能表明或影響上司觀念和行為的文件，你就能提出既有利於你也有利於你的上司的建議，當然，也會有利於公司的建議。

歸納起來，在提建議之前，我們必須要注意到以下幾點：

- 對提案要有一個良好的心理準備。如果提案得到透過，務必事先考慮到其中一定會存在某種程度的不足，會遇到的各種阻力。

- 要充滿自信。如果自己都不以為然的方案，何談說服大家去為之行動？
- 要帶有感情地提出建議。身為人，對方在決定是否採納建議時，心情和情緒發揮一定作用。只有說動對方的心，他才會有行動。
- 必須對上司作一個心理分析，要讓上司認為你準備周到。你以作出各種準備的面貌出現時，上司會有一種安全感：「如此準備，想必不會有錯吧。」
- 留有供修補的餘地。一般人們並不喜歡完美無缺的建議，有一兩個小瑕疵反而會給人些許好感，因為這可給上司提出改進意見留出餘地，使上司產生參與意識。

另外，還需掌握時機的問題。當上司忙於工作或心情煩亂時，提出的建議往往被以「等等再說」一類的話支開。在一個集體和部門中，如果大家正為一個會議忙亂不堪時，就要待狀況好轉後再說。突然提出新的方案會使上司在毫無準備中不知所措。如果事先以某種方式作個預告，這樣一來，上司就會有一個正確對待的態度。

上司徵求意見時如何說話

戰國時期，魏文侯派大將樂羊攻伐中山，取得了勝利。魏文侯把中山分封給自己的兒子。這時，魏文侯問群臣：「我是怎樣的君主？」群臣幾乎異口同聲地說：「您是仁義的君主。」魏文侯聽了，心中喜滋滋的。

這時，突然有人發表不同的看法：「您得到了中山，不把它分封給您的弟弟，而把它分封給您的兒子，怎能算是仁君呢？」發言的是大臣任座，他竟敢否定魏文侯是仁君，魏文侯發怒了。看見國君發怒，任座急忙走了出去。

　　魏文侯看到局面這麼僵，接著又問大臣翟璜：「你也說說，我到底是怎樣的君主？」翟璜不假思索地說：「您是仁君。」魏文侯的臉上又浮現出笑容，笑得和開頭一樣舒心。他接著又問：「那你說說，為什麼說我是個仁君呢？」翟璜不慌不忙地講道：「我聽說：『君王仁義，下臣就耿直』。剛才任座的話說得那麼直率，他敢當著您的面批評您，這不正說明您是仁義的君主嗎？」

　　魏文侯又笑了，這次笑得比前面更加燦爛。因為翟璜不光讚揚他是仁君，而且講出了道理。這道理從根本上大有益於魏國。於是他立即命令翟璜去把任座請回來，他親自走下殿堂去迎接，並把任座當作上客。

　　同樣是批評魏文侯不要把中山分封給自己的兒子，任何人在眾人面前直斥國君不仁，國君聽來「逆耳」，大發雷霆；而翟璜用「忠言順耳」的方式，首先讚揚魏文侯是個仁君，根據則是「君仁則臣直」，用任座的耿直來證明國君的仁義。既讚揚了國君，也肯定了任座。乍聽起來，其中沒有一點對國君批評的意思，但實際上包含著對國君的嚴肅批評，達到了使國君改正錯誤的目的。

　　在公司裡，也經常有主管像魏文侯一樣主動地找自己的下屬了解情況，徵求他們對自己工作的意見。

　　在這種情況下，人們如果真是對上司的工作或部門的現狀有一些看法，要不要向上司和盤托出呢？這取決於你對上司的認知和了解。有些人儘管總是喜歡向下屬徵求意見，也的確採納人們正確的看法，但並不真正喜歡愛提意見的人，這樣做不過是裝裝門面。對於這種上司的徵求意見，你當然應該慎重，不要被一時的表面現象所迷惑。

　　另外，凡是一個新來的上司，也常常喜歡首先深入群眾，掌握第一手資料，因而徵求人們的意見。此時，你也最好是比較客氣地推卻。這樣不

第八章　忠言不一定非得逆耳

是說害怕承擔責任，也不是協助上司工作，而只是如何承擔和協助的問題。如果是你比較熟悉和認知的上司，知道他的這種做法並不是形式，而是真心實意，則完全可以實言相告。如果是你不大熟悉或認知不夠的上司非要你提，且態度也的確十分誠懇，在這種情況下，一味地推辭，或婉言拒絕，都是不合適的，而且，這也容易引起上司的不滿，並從中知道你肯定有看法，不過不願提而已。所以，在這種情況下，你也不妨透過合適的形式表達你的一些看法。

例如，你可以首先表達對上司某些做法的稱讚，這樣可以先得到其好感。然後，便進一步指出，如果在某件事情上能夠如何如何，那麼，結果可能會更好一些。這樣，便比較容易得到上司的認同。

又如，你不一定要直接地指出上司工作中的缺點和問題，而是間接地告訴他存在什麼不足。如果說，這位上司並不關注下屬的住房問題，你則可以說現在要解決住房問題有什麼難處，以及在解決住房方面的條件還準備不足。這樣，把本來是上司的缺點借助對客觀條件的埋怨而表達出來，這也同樣可以取得比較好的結果。

最後，你還可以透過不直接針對上司，而是指出部門中某些不良現象來暗示上司工作的不力。這樣，既可以顧全其面子，也能夠造成表達自己意見的作用。

可見，一種好的建言方式可以左右你與上司的關係。

魏太祖曹操的二兒子曹植才思敏捷，聰明能幹，很得曹操的寵愛，他下決心廢掉太子——長子曹丕，而立曹植。

廢長立幼在封建社會被認為是政治生活不正常的事情，往往會引發動亂不安，所以大臣們總要力爭，往往不惜獻出生命。但做皇帝的人卻往往不願意聽從臣子的意見，雙方會鬧得很僵。曹操也是這樣，自己下了廢長

立幼的決心，便不再願意和臣子討論這件事。

有一次，曹操退下左右侍從的人，引謀士賈詡進入密室，向賈詡問話，賈卻沉默不語。曹操再問，賈還是不答。這樣一連幾次發問後，曹操生氣了，責問賈詡：「和你講話卻不回答，到底為什麼？」

賈詡回答：「對不起，剛才正好考慮一個問題，所以沒有立即回答。」

曹操追問：「想到了什麼？」

賈答：「想到了袁本初、劉景升父子。」

曹操大笑，決心不再廢長立幼了。

袁本初、劉景升父子是怎麼回事呢？為什麼曹操聽到這樣簡單的一句話就會回心轉意？袁本初即袁紹，是東漢末年崛起的大軍閥，占據了青、幽、並、冀四州，成為北方最大的割據者。袁紹有四個兒子：譚、尚、熙、實。袁紹認為二兒子袁尚長得像自己，有心培養他為接班人，留他在身邊，而把其他幾個兒子放為外任，讓他們一人領一個州。大兒子袁譚不服氣，於是弟兄兩個各自組成一個派別，彼此爭鬥，勢如水火。袁紹死後，曹操坐收漁人之利，各個擊破了袁譚、袁尚。

劉景升即是劉表，東漢末任荊州牧，成為一方霸主。劉表和妻子都喜歡小兒了劉琮，想立他為後嗣。最有實力的將領蔡瑁、張允攀附劉琮，結為死黨。劉表把長子劉琦趕出去，到江夏做了太守。許多大臣便尊奉劉琮為劉家繼承人，於是弟兄兩個結下怨仇，終生不和。

袁紹、劉表都廢長立幼，釀下了苦酒，這些事情又都是剛剛發生過的，「前車之覆，後車之鑑」，曹操為自己長遠的政治利益考慮，自然願意接受批評，改正原來的決定。

賈詡並不是不知道爭太子是一件難度極大的事情，他也不可能不提前做周密的考慮，設想多種方案。他對曹操開始的提問不予回答，難道真的

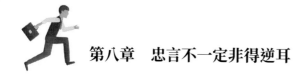

是聽不見？賈詡只是為了使曹操發問，自己為自己製造一種說話的環境而已。曹操一追問，賈詡便很自然地托出自己早已想好的話。

對待上司的提問，我們可以在賈詡身上學到一些東西。

用請教的方式進諫

想要別人接受你的想法，首先就要試著接受別人。向上司請教是一種進諫的方式。

向上司請教，有利於找出你們的共同點，這種共同點，既包括在方案上的一致性，又包括你們在畫上的相互接受。

許多研究者都發現，「認同」是人們之間相互理解的有效方法，也是說服他人的有效手段，如果你試圖改變某人的愛好或想法，你越是使自己等同於他，你就越具有說服力。因此，一個優秀的推銷員總是使自己的聲調、音量、節奏與顧客相稱。正如心理學家哈斯所說的那樣：「一個釀酒廠的經理可以告訴你一種啤酒為什麼比另一種要好，但你的朋友，無論是知識淵博的，還是學識疏淺的，卻可能對你選擇哪一種啤酒具有更大的影響。」而影響力是說服的前提。

有經驗的說服者，他們常常事先要了解一些對方的情況，並善於利用這點已知情況，作為「根據地」、「立足點」。然後，在與對方接觸中，首先求同，隨著共同的東西的增多，雙方也就越熟悉，越能感受到心理上的親近，因而消除疑慮和戒心，使對方更容易相信和接受你的觀點和建議。

下屬在提出建議之前，先請教一下自己的上司，就是要尋找談話的共同點，建立彼此相容的心理基礎。如果你提的是補充性建議，那就要首先從明確肯定上司的大框架開始，提出你的修正意見，作一些枝節性或局部性的改動和補充，以使上司的方案或觀點更為完善，更有說服力，更能有

效地執行。

　　請教會增強上司對下屬的信任感。當你用誠懇的態度來進行彼此的溝通時，上司會逐漸排除你在有意挑「刺」、你對上司不尊重等這些猜測，逐漸了解你的動機，開始恢復對你的信任。

　　社會心理學家們認為，信任是人際溝通的「過濾器」。只有對方信任你，才會理解你良好的動機，否則，如果對方不信任你，即使你提出建議的動機是良好的，也會經過：「不信任」的「過濾」作用而變成其他的東西。

　　卡內基說過這樣一個故事：

　　霍爾·凱恩（Hall Caine）寫過很多小說比如《基督教徒》（*The Christian*）、《曼島人》（*Isle of Man*），這些都是 20 世紀早期的暢銷書。有成千上萬、數不清的人讀過他的小說。他是一個鐵匠的兒子，他一輩子上學時間沒有超過八年，但是，當他去世時，他是當時最富裕的文學家。

　　他的經歷是這樣的：霍爾·凱恩喜愛十四行詩和民謠，因此他貪婪地讀完了丹特·加布里埃爾·羅塞蒂的全部詩作，他甚至寫了一篇講稿讚揚羅塞蒂的藝術成就，並寄了一本給羅塞蒂本人。羅塞蒂很高興，大概他想：「對我的能力持這樣崇高觀點的年輕人一定是才華橫溢的。」因此，羅塞蒂邀請這位鐵匠的兒子到倫敦作他的祕書。這是霍爾·凱恩生活的轉折點。因為他的新職務使他見到許多在世的文學家、藝術家，並從他們的建議中獲得教益，從他們的鼓勵中獲得鞭策。他開始了文學生涯，並揚名天下。

　　他的家，曼島的格里馬堡，成為來自世界各地的遊客的必訪勝地。他的遺產有幾百萬美元。然而，如果他不曾寫那篇表達他對一個名人崇拜的文章，誰知道他會不會一生窮困潦倒。

　　默默向上司請教，是一種大智若愚；曲徑通幽是一種以曲為主，以退為進的策略。

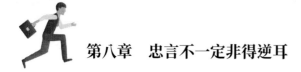

迂迴表達自己的反對意見

　　過於直指的批評方式，會使上司自尊心受損，大失面子。因為這種方式使得問題與問題、人與人面對面地站在一起，除了正視彼此以外，已沒有任何的迴旋餘地，而且，這種方式是最容易形成心理上的不安全感和對立情緒的。你的反對性意見猶如兵臨城下，直對上司的觀點或方案，怎麼會使上司不感到難堪呢？特別是在眾人面前，上司面對這種已形成挑戰之勢的意見，已是別無選擇，他只有痛擊你，把你打敗，才能維護自己的尊嚴與權威，而問題的合理性與否，早就被拋至九霄雲外了，誰還有暇去追究、探索其中的道理呢？

　　事實上，我們會發現，透過間接的途徑表達自己的意見反而更容易被人接受，這大概就是古人以迂為直的奧妙所在吧！

　　原因其實是很簡單的，間接的方法很容易使你擺脫其中的各種利害關係，淡化矛盾或轉移焦點，因而減少上司對你的敵意。在心緒正常的情況下，理智占了上風，他自然會認真地考慮你的意見，不至於先入為主地將你的意見一棒子打死。

　　每個人都會犯錯的，每人也都有自己的自尊心，有些問題可以不必採用直接批評的方法，相反，可採用間接的方法來指出問題，有時效果反而會更好。

　　其實，上司也是很普通的人，透過迂迴的辦法去表達自己的反對意見，併力求使上司改變主張，仍然是十分奏效的方法。你無須過多的言辭，無須撕破臉面，更無須犧牲自己，就可以說服上司，接受你的意見。

　　比如，你以上司的話作為評價事物的標準，會使你在勸諫上司的過程中處於一種安全、有利的地位，因為上司是絕不反對別人引用自己的觀點的，而且，它會激發上司的認同感和成就感，心生欣悅，或至少不會有所

反感。再把上司的觀點加以引申，最後得出一個顯而易見的不可行的結論，就會使上司得以醒悟，同時，也使你的觀點得以巧妙的表達。

聰明的下屬是不會忽視一些委婉卻是十分有效的勸說方法。

先肯定再否定

往往有這種情形：一句話說得好，說得人笑起來；說得不好，說得人跳起來。可見，語言的表達是十分重要的。

我們不但要巧妙說出與上司相反的意見，還要照顧上司的面子。對上司談話持相反觀點的人，往往容易陷入「是堅持真理。還是照顧上司面子」的怪圈。

上司需要意見，每一位上司都不是萬能的神，有些問題連他自己都解絕不好，故上司需要下屬經常提出好的意見。對於那些強力相諫的人，上司頭疼的不是他提的意見，而是意見的提出方式。

「主任，您剛才說的觀點全錯了，我覺得事情應該這樣處理……」或者「主任，您的辦法我不敢苟同，我以為……」，這些方式首先否定了主任意見的全部，自然後面的觀點讓上司覺得臉上掛不住，故一開始就產生了對下屬好的意見的抑制思想。

如果能抓住上司意見中的某一處被你所認同的地方，加以大力肯定，爾後提出相反的意見則易被接納。因為你一開始肯定上司意見的某一處價值，就已打開了進入上司腦中意見庫的大門。例如：

「主任說得對，在 ×× 方面，我們的確應該給予充分的重視，這是解決問題的前提之一，我認為，除此之外，我們還應當……」後面提了觀點，爾後重點在於論證過程，說理、舉例、指出不這樣做的後果，讓上司意識到你的觀點從實踐上更加可行。

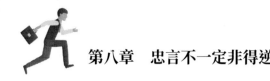
當然，在建議結束時，別忘了強調你提出相反意見的出發點。

「故我想，如果真能這麼做的話，排除這個問題是不費吹灰之力，公司也能以更高的速度發展。」

聽了這話後，上司會意識到你的一切意見的最終目的，都是為了公司的前途，也就是大家的前途。

這樣提建議最有效

在下列幾種情況下，你向上司提出的建議最容易得到採納。

▌趁上司高興時提建議

人在高興的時候，往往會很容易接受意見，娛樂是上司難得的放鬆機會。

在娛樂中趁上司心情好時提建議，更容易為上司所接受。此時，你可採取潛移默化傳輸思想的方式，也可以運用借題發揮巧妙引申的方法，但要注意，一定不要使上司感到掃興。

現代心理學證明：人在情緒不佳、心有憂懼等低落狀態下較之平常，更容易悲觀失望、思維遲鈍且惰於思考，情感波動大並易產生過激行為。這說明，人是一種有著複雜的生理和心理特徵的動物，其思維特徵要受到某種心理狀態的影響。因此，在人與人之間的交流中，我們也要注意對方的情感變化，趨利避害，因而占據某種心理方面的優勢和主動，防止使自己受到不必要的消極傷害。

上司也是人，也無法擺脫上述思維規律的影響，這就提醒我們，一定不要在上司情緒不佳時進言；同時，也啟示我們，在上司心緒高漲、比較興奮時提出建議則會取得更好的效果。

▌讓上司在多項建議中作出選擇

　　對於學者式人物亨利‧基辛格來說，他在美國政府中的生涯不乏壯麗輝煌。他第一次嶄露頭角引起國民注意是身為已故的紐約州州長納爾遜‧洛克斐勒的外交政策顧問，當時洛克斐勒竭力向理查得‧尼克松推薦基辛格，終使基辛格後來成了美國的國務卿。繼尼克松之後，杰拉爾德‧福特接任總統，他上任後辦理的第一件事就是重新任命基辛格為國務卿。還有羅納德‧裡根，雖然他被迫向極右支持者們許諾，他將不會任命基辛格為國務卿，然而他經常要求基辛格的幫助。

　　與總統或將成為總統的人打交道，基辛格喜歡用的手段之一就是讓他們做各種選擇。至少在重要問題上，他努力向他們提供許多可行性以便他們選擇，而不是提出一個特定的政策或是特定的行為方針。基辛格總是精心地列舉各種可能性。他列出每個可行的方案並且認真地寫下它們的優點和缺點，但他絕對禁止自己只推薦其中的任何一個。

　　從上司管理的角度來看，這種方法的優點是顯而易見的，實際上，它綜合反映了許多以前曾經提出過的觀點。當然，這種方法不只侷限於廣闊的和充滿異國情調的外交活動場所，在處理相當細微的瑣事的時候，也可以有效地使用它。總之，你是叼以使用這種方法的。

　　為了看看它是如何發揮作用的，假設你正在為一家小公司處理員工之間的關係。這家公司已經接受了大量的訂貨任務。為了完成任務，公司實際上已增加了勞動力，因而，曾一度寬綽的公司停車場現已變得擁擠不堪。員工們為了有限的停車場開始激烈的爭奪，而且，舉止言語刻毒，就在今天早晨，兩個員工為了爭奪停車場發生口角，導致動手打架。

　　你覺得這個問題應當引起上司的重視，因為你所能想到的任何一個解決方法，都超出了你的職責範圍。所以你要列出一些可供選擇的方案，而

第八章　忠言不一定非得逆耳

不是把這件事情往上司身上一推，讓他自己解決；或者你提出一個擬定好的方法勸上司採納。這種可供選擇的方案大致包括：擴大停車場，租車在停車場和交通便利的地方之間接送工作人員，停車收費並把這盈利作為員工的娛樂基金，整合汽車聯營等等。所有這些方案各有利弊，擬訂方案時，你要仔細但簡要地說明這些利弊。當你希望這個問題能引起上司注意的時候，就可以提交這個方案。

　　這種方法也的確有它的侷限性和不利因素。顯而易見，這會花費一些時間和許多精力。有些問題根本不值得花費那麼大的力氣，還有些問題只能提供一個可行方案。而且，下屬總傾向於羅列他自己喜歡的方案，上司感到這一點時，就會失去對下屬的信任感。

　　儘管有一些潛在的缺點，這種方法仍有其真正的魅力。它讓上司對問題作出最後的決策，因而使其發揮身為上司應發揮的作用。而且很清楚，這種方法能促使下屬全面、深入地思考問題。這樣的結果對上下級都是有利的。

▌把自己的建議變成別人的建議

　　當威爾遜做總統時，在他的顧問團隊中間，唯有霍士最得其信任。別人的意見，他常常很少採用，或是根本不採用，而霍士卻屢屢進言得以採納，後來霍士做了威爾遜的副總統。霍士自述說：「我認識總統之前，發現了一個他接受我的建議的最好辦法，我先把計畫偶然地透露給他，使他自己感到興趣。這是在一次偶然的機會中發現的。我有一次去謁見總統，向他提出一個政治方案，可是他對此表示反對。但是幾天之後，在一次筵席上，我很吃驚地聽到他將我的建議當作他自己的意見而發表了。」

　　霍士不但使威爾遜自信這種思想是自己的，後來他還犧牲了自己許多偉大的計畫，讓給威爾遜來獲得民眾的擁戴。那麼，霍士怎樣把計畫移

植到威爾遜心中呢？他常常走進總統辦公室，以一種請教的口吻提出建議：「總統先生，不知道這個想法是否……您不覺得這樣做還有什麼不妥嗎……我們是不是這樣……」就這樣，霍士把自己的思想不露痕跡地灌入威爾遜的大腦，使他從自己的角度考慮這些計畫，加以完善並付諸實施。

讓我們再來講一個故事，看看著名工程師惠爾是如何折服一個剛愎自用的工頭。有一次，惠爾想在其負責的工段更換一個新式的指數表，但他想那個工頭必定要反對的，於是惠爾就略施小計了。據他自己說：「我去找他，腋下夾著一隻新式指數表，手裡拿著一些徵求意見的文件。當我們討論這些文件之時，我把那只指數表從左腋換到右腋地移動了好幾次，終於他開口了：『你拿的是什麼？』『哦，這不過是只指數表。』我不經心地答道。『讓我看一看。』『哦，你看它做什麼，你們部裡又不用這個。』我裝作很勉強的樣子將那指數表遞給他，當他審視的時候，我就隨便地，但非常詳細地把這東西的效用說給他聽。他終於喊起來：『我們部裡用不到這些東西嗎？天哪，這正是這早就需要的東西！』」惠爾故意這樣採用激將法，欲擒故縱，結果很巧妙地達到了目的。有許多人常常苦於自己的意見不被重視，其實仔細找一找原因，原來根本在於自己沒有明瞭「怎麼讓人採納自己意見的策略」。惠爾的故事告訴我們，如果我們的上司是一個目光炯炯思想保守的人，我們要向他提建議，就得先思考一下，我們向他貢獻意見的方法錯了沒有。

凡是領袖人物，都明白要別人採納自己的主意，通常是得不到任何報酬的，而且當時也沒什麼愉快可言，而以後得到的亦只是一種能力 —— 駕馭的能力。但有才幹的人常常情願犧牲自己的虛榮心，而求得自己的主張被採納並付諸實施。他們所高興的，只是看得自己的主意受到信任、採納和實施，而不在乎以誰的名義發表、實施。

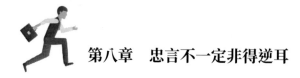

第八章　忠言不一定非得逆耳

▌在提建議時，把功勞和榮譽讓給上司

　　為了讓你的建議得以實施，有時，可以讓上司代你接受因你的設想或發明而得到的榮譽。在很多情況下，你將發現這樣做是不會過分地使你為難。雖然許多下屬一般不願意這樣做，但是，那些有能力的下屬卻往往贊同這種做法，而且有時候會鼓勵他人去這樣做。有些下屬甚至讓上司在宣布壞消息的同時，讓他也講一些好消息（在政治活動中這是一種常用的策略）。如果你與你的上司的關係十分牢固，你會發現這種做法將會有利於你長遠的利益和奮鬥目標。正如一個精明的英國人曾經說過的那樣：「一個人在世界上可以有許多事業，只要他願意讓別人替他受賞。」

　　有一個十分令人驚奇的有關上司管理的故事，就能說明這一點。許多年以前，聯合國有一個官員舉行了一個私人舞會，他以前是紐西蘭教育部的常務祕書。

　　在英國式的政府裡，常務祕書或多或少地要管理他們的部門，但是卻無權制定政策。制定政策的是他們的頂頭上司——由總理委任的部長。這個常務祕書，有很多自己的想法，總希望這些想法能變成現實。所以，他就把他的想法編輯成書，取名為《紐西蘭教育的未來》，書成之後交給部長，讓部長以他的名義出版這本書。而部長也渴望成為這本書的作者而名揚四方，所以，他會欣然接受這個給予。隨後，這個常務祕書就開始實施他的想法，也保證自己實行的是部長已經制定的政策。實際上，部長公開保證了這些想法的實施，成為這些想法最強有力的擁護者。

　　現在，我們可以下這個結論：讓上司臉上光彩，你從中可以得到的好處不只侷限在看到你的想法能得到實施時的快感，也不侷限在從上司那裡得到的對你的，還有另外的，雖然不是直接的然而卻是實在的好處。這些另外的好處會從以下事實中展現出來，即無論你願意與否，你幾乎將代表你的上

司。所以，上司臉上光彩時，你臉上也光彩；他提升，你提升的機會也會增多。而且，研究顯示，享受高薪的上司很可能會設法使你也增加薪水。

謹防踩中建議的「地雷」

在提建議時，我們應該避免一些不正確的做法。下面是提建議中的注意事項。

▌急於否定上司原來的想法

提建議時，多注意從正面有理有據地闡述你的見解。有民主要求，還要有民主素養，即要懂得尊重他人意見，尊重上司意見。這樣，他才會承認你的才幹。對上司個人的工作提建議時，盡可能謹慎一些，必須仔細研究上司的特點，研究他喜歡用什麼方式接受下屬的意見。大大咧咧的上司可用玩笑建議法，嚴肅的上司可用書面建議法，自尊心強的上司可用個別建議法，喜讚揚的上司可用寓建議於褒獎之中法等等。

▌以為上司不願聽建議

「不要給上司提建議，顯示自己高明並不好，他會嫉妒你的。再說，提出來也沒用，即使再正確。」這是一些人在同上司的交往中總結出的經驗。這種說法是不對的。

一位主任多次說，他不需要別人給出主意，需要的是有人去做。一次研究工作時，一下屬提了三條建議，他當時沒說什麼，可在工作中卻採納了兩條。由於沒有採納另一條，工作中遇到了麻煩。此後，他歡迎大家多出主意，提出意見，讓大家有什麼話都說一說。

上司要辦很多事，但人的精力總是有限的，而且，智者千慮，必有一失。這時，你提出建議，彌補或挽救工作中出現的問題，他嘴上不說，心

第八章　忠言不一定非得逆耳

裡也會感激你。問題在於你提意見的內容，要真正顯示出你的才華和意見的重要性，要真正表現出你的善意。如果你提的意見他沒有接受，你也不要斤斤計較。

夾雜私怨

有這樣一個經驗：給被試驗者一份文稿，內容是主張對盜竊犯判以重刑，認為目前的處罰太輕。對 A 組被試者說，這份建議是法官提出來的；對 B 組被試者則說，這份建議是監獄中服刑的盜竊犯提出來的。其實這兩份建議的內容相同，都是實驗者寫的。實驗結果顯示，B 組被試者更傾向於認為，對盜竊犯應該判以重刑。

這個實驗證明，一個建議，其中夾雜的個人私利越少，越容易被人接受。因此，在向上司提建議時，你應該更多地從公司和工作的立場出發，顯示出為整體或上司著想，而不要被上司認為：「這個人，只是為了達到個人的目的，才提這個意見。」

損害上司的尊嚴

「我不同意主任的意見，這種作法在實際中根本行不通！我認為應該……」

這種提意見的方法有點欠妥。

提意見，要以建議的方式提出供上司參考。你不要涉及他的觀點和方案，而是闡述自己知道的事實、自己的想法、自己的方案，並且說明「這不一定對，僅供上司參考。」

事實上，越是善意的、建設性的建議，越是可能被上司接受。上司，意味著權力、尊嚴。每個人都有自尊，上司更多一層光環。我們在公開場合特別要照顧上司的尊嚴感。

在上司的眼裡，如果自己的下屬在公開場合使自己下不了臺，丟了面子，那麼這個下屬肯定是對自己抱有敵意或成見，甚至有可能是有組織、有預謀地公開發難。這樣做的結果便是，上司要麼給予以牙還牙的還擊，透過行使權威來找回面子，要麼便懷恨在心，以秋後算帳的方式慢慢報復。

這種結果，自然是下屬在提出批評和意見時所不願看到的，也違背了自己的初衷。

上司十分注意自己在公開場合的面子，特別是在其個上司或者眾多下屬在場的時候，這絕不僅僅是因為有個文化的潛意識在作祟，更是在於上司從行使權力的角度出發，維護自己權威的需要。這種需要因受到公開的檢驗而變得更加強烈甚至是不可或缺。

威信受到損害，便會使權力的行使效力受到損失。它影響到上司在今後決策、執行、監督等各個方面的決定權和影響力。因為人們不禁要問，他說的是否都對呢？是否會產生應有的效果？……這樣，下屬在執行中便多了幾分疑慮，這必然會降低上司權力的有效性。因為服從越多，權力的效果就會越多。行使權力必須要以有效的服從為前提；沒有服從，權力就會空有其名。

自尊受到傷害，是最傷人的感情的，因為它觸動了人最為敏感的地帶。在公開場合丟面子，這說明上司正在失去對下屬的有效控制，於是，人們不禁對他人的能力乃至人格都產生了懷疑。因此，無論是誰，身處此境，最先的反應肯定是怒火中燒，而不是理智的對意見內容進行合理性的分析。那麼，此後的一系列舉動肯定都是很情緒化的。即使他很有面子、很得體地將這件事掩飾過去，情感上的憤怒依然是存在的，這個陰影將會把你美好的印象浸沒，使你在後來飽嘗麻煩，悔恨不已。

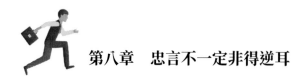

第八章　忠言不一定非得逆耳

▌怕不被採納而丟面子

有一項調查中，提出這樣的問題：「影響您對公司工作提出的建議或意見的原因是什麼？」結果回答「提了沒用，上司不重視」的人數最多，占到48%。而且，年齡越低，越傾向於選擇這一答案。

「提了沒用，上司不重視」，其中當然有上司本身的原因。但是，身為下屬也不能要求上司對下屬無論提什麼意見或建議都得採納，更不要因為自己的意見不被接受耿耿於懷。試想，如果上司凡事都聽下屬的，那麼還要他這個上司做什麼？再想，大家提的建議或意見，五花八門，眾口難調，他該聽誰的呢？他只能根據實際情況接受或採納一部分，而不被採納的可能是多數。

▌不要越級

在工作中，越級建議意味著越過頂頭上司，向更高層的上級說明你的看法，或爭取權益。

若想任何事情都迴避頂著上司，這並非是個好主意。嘗試越級建議的人，往往會傷害到自己。即使你是「對的」，你仍不免破壞部門的運行秩序，並使高級主管頭痛。即使你很幸運地成功了，高級主管也會心存芥蒂，認為你對他們也可能採取同樣的行動。

越級建議的醞釀並不難覺察。誰是越級建議者，也經常很難隱瞞。對於這一類的行動，上級可以採取許多防範措施，並且通常能夠在你行動之前就將事情擺平。

一般來說，促使一個人採取越級建議的行動，不外乎是處在下列幾種狀況下：

- 工作部門運行不佳，但上級卻加以掩飾，上面的人如果知道了，一定會引起震動；
- 上級對不盡責的人遷就，卻給我一大堆工作，他對我不關心，也不在乎我到底做了些什麼；
- 上級知道我比他能幹，他既恨又怕，因為壓制我，老是讓我做吃力不討好的工作，他絕不會讓別人知道我傑出的表現，他怕我升得比他快，他也把我的功勞據為己有；
- 上級工作不力，影響部門的工作率。

某科學研究所的外文資料室負責人小張就是在這方面缺乏經驗的年輕人。當上級安排了需要大量翻譯外文資料以供科學研究任務合作的項目之後，所裡的主管反覆斟酌，有些猶豫，一時難以下決心，拿不出可行的方案。這時小張就越過所裡的主管，直接向上級自告奮勇，建議由自己來做。這種做法無疑傷害了所裡主管的感情。其實小張完全可以找所裡主管適當地談一談，從分擔壓力，分擔憂愁的角度，替主管著想。這樣不僅有助於主管解決難題，也使他對你加深了好的印象。小張錯誤的做法的關鍵就是他不替主管著想，這樣不僅是沒幫主管解決難題，在潛意識中也認為主管無能。在主管需要的時候，不是給予安慰和分憂，而是給予壓力和刺激。當你直接地傷害了主管的感情的時候，上級主管對你也不會賞識和滿意的。

█ 不要背後批評上司

不論多麼值得依賴的同事，當工作與友情無法兼顧的時候，朋友也會變成敵人。在同事面前批評上司，無疑是自己把柄丟給別人。就算聽你傾訴的同事和你肝膽相照，不會做出賣你的事情，但也得小心「隔牆有耳」。

第八章　忠言不一定非得逆耳

　　任何上司都會有這樣或那樣的缺點，而有些人也總愛在背地裡議論或埋怨上司，並說一些當面不說的話。在遇到這種情況時，假如你也有同樣的看法，要不要附和呢？要是不附和，不予搭理，可能會遭致人家的閒話，說你膽小鬼，馬屁精，沒有一點個性等等；要是附和了，萬一被上司知道，那也沒有好處，現實生活中常常有這樣的事：有些人在背地裡對上司評頭論足，說三道四。可是，他又常常回過頭去向別人和上司把你的附和添油加醋地說一番，弄得你非常難堪。

　　對待這樣的情況，最好是不要去附和。特別是對那些好搬弄是非的人，更應該敬而遠之。如果他非找到你說這些話，也可以扯開話題，或乾脆來一個顧左右而言他，甚至是乾脆就用一些中性的，誰也不知道究竟是什麼意思的「嗯，嗯」來對待。在現實生活中，儘管人們對上司會有各種各樣不同的看法，但如果是背地的議論，卻肯定又是帶有個人的利益取向。由於每個人的利益取向不一致，每個人對上司的期望和要求也不一致，所以，當別人議論上司時，你大可不必去附和，否則很容易成為某些人的工具，被別人當槍使。

　　當然，有一種情況可以例外。那種怨聲極大，群眾反映十分強烈的上司，在大家議論或批評他時，你不妨也可以進行附和，表示你的看法，切不可迴避，否則，必將招致大家的反感。

第九章　還有誰有我這麼忠心

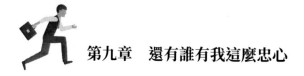

第九章　還有誰有我這麼忠心

在能力與忠心是「魚和熊掌不可兼得」時，大多數聰明的主管選擇的是忠心。道理很簡單，用有能力無忠心的人，有時能力越大副作用越大；而用能力欠缺卻忠心有嘉的人，至少不會產生副作用。

因此，身為有能力的你，必須懂得如何在主管面前表達自己的忠心。

不要與上司唱反調

儘管忠心不是一味地盲從，但一個處處和上司唱反調的下屬，必然難以讓上司認為你「忠心」。要想跟好你的上司，你需盡量順從你的上司。

▍不要在乎上司端官架子

「官架子」似乎很讓人討厭，很多人認為端官架子是脫離群眾的表現，但實際上，它既然存在，從某種意義上講，就有存在的理由和合理性。我們可以看到「官架子」有以下幾個方面的作用：

(1)「官架子」可以顯示權力

普遍認為，官架子是自高自大、裝腔作勢的作風，這也是人們對「官架子」產生反感的原因。但從另一角度看，「官架子」絕不僅僅是一個消極、負面的東西，而有著它積極而微妙的意義，成為許多人領導和管理下屬的一種十分有效的方法。

「官架子」其實可以理解為一種「距離感」，許多人正是透過有意識地與下屬保持距離，使下屬認知到權力等級的存在，感受到上司的支配力和權威。而這種權威對於上司鞏固自己的地位，推行自己的政策和主張是絕對必要的。威嚴感會使上司形成一種威懾力，使下屬感到「服從也許是最好的選擇」，而「不服從則會給自己造成不利」。

身為下屬，如果你能理解到上司為保護、運用和擴大權力而絞盡腦汁、不遺餘力正是他事業有望成功的基礎時，你就會理解「擺架子」的祕密了。

(2)「官架子」會使上司產生滿足感

無論任何人，都有實現自己人生價值的願望。不同的人價值觀不同，其實現價值的程度也不同。毫無疑問，上司也需要人生價值得以實現的滿足感，有些時候，他還會因此而顯得洋洋得意，不自覺地表現為某種「架子」。

深諳「官架子」之妙用的人很多，但能夠在理論上深刻地加以闡述，並在實踐中加以運用的人則非戴高樂莫屬。戴高樂在他的著作《劍鋒》（*Edge of the Sword*）中寫道：

> 「一個領袖必須能夠使他的下屬具有信心。他必須能夠維護自己的權威。」
> 「最最重要的是，沒有神祕就不可能有威信，因為對於一個人太熟悉了就會產生輕蔑之感。」
> 「（一個領袖）沒有威信就不會有權威，而他與人保持距離，他就會有威信……」

所以，「官架子」絕非是一個簡單的道德問題，它還包含相當多的領導藝術的奧妙，更有著心理學上的微妙含意。

(3)「官架子」有助於處理政務

如前所述，「官架子」是一種距離感。距離感不僅會給上司帶來心理上的安全感受，而且還為他處理人際關係及政務提供了一個迴旋的餘地。許多人正是靠著這種距離感的調整來實現著自己的目的。

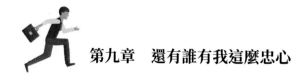

在不同的時間、場合下，對不同的人擺出不同的「架子」就會形成不同的人際距離。沒有層次感的隨和與友善，則是「仁有餘，威不足」，不能達到這樣的效果，還不利於上司處理棘手問題。許多上司最頭痛的便是事無巨細都要親自處理，他們更希望自己能抽出時間和精力處理大事。所以，許多領導者就喜歡利用這種「輕易不可接近」的「官架子」來逃避細小瑣事的煩擾，把更多的腦力用於謀劃大事上。

現在，你能夠理解你的上司為什麼會在你面前擺擺譜、端端官架子了嗎？如果你明白了，那麼你就應該順從他。

▌不要對上司的「怒火」耿耿於懷

有許多上司愛發脾氣，而且官做得越大，脾氣就越大。其實發發脾氣還有以下好處呢：

(1) 發脾氣有助於上司推進工作

上司之所以大發脾氣，最根本的原因就是因為他是掌權者，這種權力使他可以合法地管理下屬、調度工作並實施懲罰和獎勵。而對下屬發脾氣，可以看作是上司對未能按照要求準確、及時地完成任務的下屬的一種懲戒，它要比溫和的批評和規勸強烈得多，在很多時候也會有效得多。

事實上，發脾氣已成為某些上司推進工作的一種「技巧」，雖然我們每個人都清楚「怒則傷肝」，但是在有些部門、有些情況下，它的確是一種十分有效也比較簡便的方法。有些上司還善於運用發脾氣來達到「文治賢助，一張一弛」的管理效果。可見，發脾氣可以在工作的緊要關頭再加一鞭，也可使下屬對自己的錯誤有一個深刻而沉痛的認知，所以成為許多人的領導技巧之一。

(2) 發脾氣可以釋放過大心理壓力

上司不只是享有權力，還必須承擔相應的責任。在這種巨大責任的壓力下，上司的心情難免是很緊張的，很容易被下屬行為激怒。可以說，發脾氣是人類的一種很普遍、很正常的心理現象的外化，是心理壓力過重的結果。所以上司的脾氣看似無常，實則是心理活動的一種必然表現，我們應該理解上司的這些情緒變化，就像理解自己偶發的一些小脾氣一樣。

把功勞讓給上司

很多人在講自己的成績時，往往會先說一段應酬的客套話：成績的取得，是上司和同志們幫助的結果。這種客套話顯然乏味得很，卻有很大的妙用：顯得你謙虛謹慎，因而減少他人的嫉恨。要是你有遠大的抱負，就不要斤斤計較成績的取得究竟你占多少分，而應大大方方地把功勞讓給你身邊的人，特別是你的上司。這樣，做了一件事，你感到喜悅，上司臉上也光彩，以後，上司少不了再給你更多的建功立業的機會。否則，如果只會打眼前的算盤，急功近利，則會得罪身邊的人，將來一定會吃虧。

我們在運用讓功的藝術時要掌握以下兩點。

- **功勞要讓得誠懇**：既然你決定讓出功勞，就絕不可表現出一付心不甘、情不願的樣子，而要痛痛快快、直直爽爽。
- **讓功一事絕不可張揚**：如果你不能做到這一點，倒還不如不讓功的好。對於讓功的事，讓功者本人是不宜宣傳的，自我宣傳總有些邀功請賞、不尊重上司的味道，這是萬萬不可的。宣傳你讓功的事，只能由被讓者來宣傳。雖然這樣做有點埋沒了你的才華，但你的同事和上司只要一有機會便會設法還給你這筆人情債，給你一份獎勵。

第九章　還有誰有我這麼忠心

好的東西，每個人都喜歡，愈是好的東西，愈捨不得讓給別人，乃人之常情。

我們觀察小孩子吃東西的情形，就可明白了。只要媽媽端出來好吃的菜，會很快就把它吃掉，這是常見的可喜的現象。

然而，你已不是小孩，已經了解「忍耐」這句話的意義。好吃的「菜」應該讓你的上司「吃」，即使自己垂涎三尺，也要對上司說：「請你先吃吧！」

雖說如此，但在這裡我們所針對的並不指吃東西，而是指工作上的利益而言。

即是說，假使有某種工作順利達成了，你要把功勞讓給上司。

也許你會說：「我自己立下的汗馬功勞，何必讓給上司呢？」是的，誰又願意把自己辛辛苦苦賺來的功勞拱手讓給別人呢？但是，在必要的時候，你必須這麼做，這才是真正重要的事。

如果你真的有能力去完成一件事，那麼，你立功的機會還很多。如果你能克制自己不肯讓功的情緒，而將功勞讓給上司，於你無害有利，你只要在下次的機會，再次立功即可。

在這大多數的人都不肯把功勞讓給別人的社會上，如果有人肯大方俐落地把功勞讓給別人，而受到禮讓的人一定會吃驚，他們會覺得「真的嗎？」等到上司了解事實真相後，一定會感激你，對你產生好感。

我們對上司，應懷有一份炙熱之心，這極其重要。如果只會打眼前的算盤短視近利，將來一定會吃虧。

若遇到你禮讓的上司，心中會產生：「我欠了人家一份人情債」的感覺。所以，他一定無法釋懷，而常常這樣想：「此人很體諒我，所以才會把功勞讓給我，他真了不起！」而對你產生好感。

　　你建立功勞的事，對你自己的才能已有了自信，要此時你又能將自己所立的功勞，禮讓給上司獨享，使你的人格變得更偉大，這是很大的收穫。因為，連你自己都會覺得自己的器量很大。

　　上司總有一天，會設法還給你這筆人情債，同時也會給你再次建功的機會，這對你來說，絕不吃虧。

　　但是，有一件事你必須注意，那就是你把功勞禮讓給上司的事，絕不可以對外宣傳。如果你沒有自信能遵守此戒律，那你最好不要讓。你讓功的事，要由被讓者來宣布，而不是你自己。雖然這樣做不能擴大你已建立的功勞，但你的確可以收到一些獎勵——縱使這種代價較小。

　　把功勞讓給上司，是為了將來在工作上，可得上司幫助的機會，當然，我們不可以只打功利上的算盤，在職場上，為使一項工作完全無誤的完成，並不單靠一個人的力量就辦得成，而是要借助眾人的力量，合力完成。尤其是上司的幫助，或適當的指示，更為重要。為了這種重要性，你應把你不想讓的功勞讓給上司，倘若能因此而使上司成為你的朋友，則將來你所立的功勞會更大。屆時，你可能得到上司的祝福與更多的獎勵。

　　將好的東西先讓給上司，相信有機會，上司一定會回報你。

　　萬一，在實際上你並沒有得到上司的回報，但以長遠的眼光來看，上司對你所懷的善意，於你是很有利的。只是，千萬不要宣揚你讓出功勞，否則你的善意將化為零。

　　被別人比下去是很令人惱恨的事情，所以你的上司被你超過，這對你來說不僅是蠢事，甚至產生致命後果。

　　作下屬的，最忌諱自表其功，自矜其能，凡是這種人，十有九個要遭到猜忌而沒有好下場。當年劉邦曾經問韓信：「你看我能帶多少兵？」韓信說：「陛下帶兵最多也不超過千萬。」劉邦又問：「那麼你呢？」韓信說：

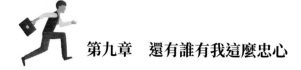
「我是多多益善。」這樣的回答，劉邦怎麼能不耿耿於懷！

喜好虛榮，愛聽奉承，這是人類天性的弱點，身為手握實權的上司更是如此。有功歸上，正是迎合這一點，因此是討好上司，固寵求榮屢試不爽的法寶。

自以為有功便忘了上司，總是討人嫌的，特別容易招惹上司的嫉恨。把自己的功勞全數收入腰囊雖說合理，但卻不合人情的捧場之需，而且是很危險的事情。

立了功，其實是很危險的事情。上司給你安個「居功自傲」的罪名把你滅了，你不了解這種孤立無援的後果是不能自保的。把功勞讓給上司，是明智的捧場，穩妥的自保 —— 還是把紅花讓給上司為上策。

替上司保密

工作接近上司的員工，如上司的副手、祕書、司機等人，尤其需要注意嚴守上司的祕密，特別是正在策劃中的重大決定和各項舉措。倘若你提前透露消息，重則打亂了整個策略部署，輕則給工作帶來各種麻煩，至少也會招來一大堆閒方碎語，真是於事無補，於己無益。值得一提的是，關於上司個人的隱私，只要不觸及法律範疇，也不該說三道四，因為這是他私人的空間。通常做事缺乏原則，又想籠絡人心，或者慣於信口雌黃者，最容易扮演長舌婦的角色，殊不知「禍從口出」古之明訓，這種七嘴八舌的小市民心氣，往往在不知不覺中給自己設置了困難。

上司與下屬一起共事，最好能共同享受所有的訊息。如果上司不向下屬通報重要的訊息，下屬便很難做事。因此，從這個角度來講，上司也應積極地對下屬提供必要的情況。

如果有些訊息不宜讓其他部門的人知道，上司在告訴下屬時，可作必

要的叮囑。提供訊息時，若擺出架子或一副施捨的態度，會令人討厭。但接觸到需要保密訊息的下屬，則應該守口如瓶。多話的人對於自己所言而引起的重大影響並不了解。有時會因無意中的一句話，困擾到周圍的人，使上司陷入困境，最後還是會自嘗苦果。如果被上司認定為「重要的事不能告訴他」，則與「不可信賴」毫無兩樣。

然而在許多公司都經常發生一種現象：希望傳播的訊息在某處停住，不希望暴露的訊息卻廣為流傳。換句話說，正式管理的消息窒息不通，而機密的訊息卻暢通無阻。

一般人的心理是，一聽到重要的消息，往往不識真假，就想迫不及待地告訴別人，以滿足我比你早知道這個消息的虛榮心理，也因為每一個人都有這種虛榮心，所以消息就 A 傳 B，B 傳 C，個接一個，很快就傳得沸沸揚揚。

一個聰明的下屬，要充分了解這種情況，成為不該開口就絕不開口的人，這樣才能獲得上司的真正信賴。

如果獲得上司的信賴而認為你是他的「心腹」，你反而會增加接觸到更多訊息的機會。這對你工作的順利進行，將會有意想不到的好處。

通常，在一個公司中職位越高，所能獲得的訊息也就越多。升遷的一個重要好處是，每升一級，就能獲得更機密的訊息。

一般來說，上司獲得訊息，其可信度總比下屬道聽途說來的消息可靠性高，如果他有可以信賴的下屬，就不會據為己有，而會盡可能地告訴他的下屬，這就表示上司對這位下屬的充分信賴。所以，我們在接觸到這類重要訊息時，尤其要注意以下幾點：

- **對影響上司關係的話要保密**：人們在生氣的時候容易說出一些在平時根本不可能說的話，比如會影響上司關係的話。身為上司心腹的下屬

一定要對這些話保密。

有這樣一件事：一個軍政主管，某天部隊發生了一起事故，政委立即安排召開常委會，當祕書通知司令員時，司令員不高興地說：「這個時候開什麼會，亂彈琴。」顯然，這句話的份量是很重的，一旦傳給政委，一定會產生很不好的效果。可後來政委問祕書有沒有通知司令員，司令員說了什麼的時候，祕書只是模糊地回答說：「出了事故，司令員心情也很沉重，沒說什麼。」就這樣，巧妙地掩飾過去了。試想，如果把上司在特定的條件下說的話，尤其是一些氣話、牢騷話傳來傳去，那麼後果一定是下屬始料不及的。

- **對上司的隱私要保密**：身為上司心腹的下屬，經常和上司打交道，熟知上司的各種言行舉止、脾氣愛好、行事作風和私生活，其缺點也容易被心腹所了解，這就要求心腹要從維護上司形象這一點出發，對上司的缺點和隱私加以保密。特別是上司個人生活上和婚姻等有難言之苦的地方，更應該保密。

俗話說：打人莫打臉，揭人莫揭短。在華人世界，「面子」是一件很重要的事。為了「面子」，小則翻臉，大則會鬧出人命。人可以吃悶虧，也可以吃明虧，但就是不能吃「沒有面子」的虧。如果你不顧別人的面子，總有一天會吃苦頭，因此，老成世故的人從不輕易在公共場合說別人尤其是上司的壞話，寧可高帽子一頂頂地送，既保住了別人的面子，別人也會如法炮製，給你面子，彼此心照不宣，盡興而散。

- **對上司的過失和失誤要保密**：古人說：人非聖賢，孰能無過。不論哪個人，不可能每一句話，每個詞都說得準確、完整，說漏嘴的，說「走火」的無意中傷害別人的話，也是會有的。因此，身為下屬，就不能把無意當有意，把偶爾當經常，把不該當回事的話傳出去。比

如，一位主管長期在基層工作，相對來講對機關工作比較生疏。因此，其他主管往往稱讚這位主管是「部隊型」的，實做精神好。如果你從貶義的角度去分析，也可以理解為大家在議論這位主管只有基層工作經驗，沒有機關工作經驗，或者說他只適應基層工作，不適應機關工作。因此「說者無意」的一句話，如果「傳者有心」，那肯定弄得面目全非了。所以說，下屬對上司在閒談中，在非正式場合涉及其他上司的話，最好都不要傳，以免引起誤解。

為孤立的上司送溫暖

當上司被孤立或受處分時，往往眾叛親離，孤立無援，灰心喪氣……不一而是，此時，其心理體驗與普通人一樣陰暗，但是，同普通人相比，這種失意往往是極端輝煌和榮耀之後的失意，其心理落差會更大，對心理上的衝擊會更強烈，對世情冷暖會體驗得更深刻，而對重獲顯赫的渴望也更強於常人。

「患難之中交知己」，在上司處於危難之中時，一點一滴的幫助都會讓他覺得珍貴，受到感動。因為在與他「同甘」的人背他而去時，卻有「共苦」者能繼續支持和幫助他，這是對他忠誠的最大表現。此時沒有一個上司會拒絕這份幫助，也沒有一個上司能夠忘記這種真誠。

當上司被孤立或受處分時，下屬該如何與之相處呢？你不妨從下面幾個角度加以考慮。

▌弄清原委

上司受到孤立或處分的主客觀原因是多種多樣的，但一般不外乎下面幾類原因：

- **與上級關係未處理好**：上司也有自己的上級，且隨著上司級別的上升與權力的增大，上下級關係會變得更加難以處理。你的上司並非事事精明、處處擅長，也可能因為經驗不足、處事不慎、脾性不合、未能處理好與其上級間的關係。

- **在人事傾軋中失利，被同事排擠**：由於上司層內有分歧，有些人還「挾外人以自重」，各種鬥爭手段層出不窮，令人防不勝防，在這種鬥爭過程中，上司就很可能錯誤地預測了形勢，或者受人暗算，或者是「強龍難壓地頭蛇」，因而在爭權的過程中失去了對局勢的控制，陷於某種孤立無援的狀態，被人「架空」。

- **上下級關係緊張，同群眾關係惡化**：造成這種狀況的原因為兩種：

  - 上司工作作風不好，引起眾怒。有些上司任人唯親，賞罰不公，作風粗暴，獨斷專行，更有甚者濫用權力，生活腐化，這自然難以服眾，必然會招致各種譴責，陷入孤立。

  - 上司可能因工作觸及除了許多人的利益，不能為下屬們理解，結果引起下屬的不滿，而在推行方針政策方面陷入孤立。對不同的情況，你應分別加以對待。

- **以權謀私受到查處**：以權謀私行為的出現，往往是由於缺乏外部監督而引起個人私欲的膨脹所造成的，它不是不可以悔改的。但很明顯，它是道德和政治上一個不可彌補的汙點，特別是對一些級別較高的上司，這些問題一旦被曝光，往往意味著其政治生命的結束，對此，下屬應該有一個清醒的認知和冷靜的分析。

- **被人誣陷**：上司是最易被人嫉恨的。對於那些達不到自己不正當目的的人來說，上司就是其「眼中釘，肉中刺」，因此便會想出種種卑鄙

手段進行誣告陷害。然而，對下屬來說，除非有確鑿的證據或有絕對的信任存在，否則，誰也說不清上司是真的犯了錯誤，還是真的被誣陷，對此，就要下屬的觀察和理解了。無論上司犯的是哪類錯誤，你都應該找出問題發生的根源，確定其性質，預測其前途。並把它們作為你確定應對策略的基礎。

▍獻忠有方

在上司陷於孤立無援的處境之中時，下屬的忠誠是最珍貴、最讓上司難忘的饋贈。然而，正如不懂「破」便不知「立」一樣，下屬在知道「忠誠」的同時，也應知道什麼是「選擇」。古人就有「良禽擇良木而棲」的告誡，下屬應該追隨那些英明賢達、胸有大志的上司，而不應對那些道德敗壞者盲目地「愚忠」。因此，下屬一定要弄清楚上司的為人和他被孤立或處分的原因、性質。對於那些品德低下的上司，最好退避三舍，而對於其他性質問題的上司，則不妨多些寬容和支持，在其危難之時獻出你的忠誠。

當然，即使奉獻忠誠，也是要講究方法的，方法不得當就會適得其反：

- **不冷落上司**：上司受孤立或被處分，並不意味著他已不是上司，也不意味著他已沒有前途。只要他沒有明顯的過失，沒有觸犯眾怒，下屬還是應該一如往日地熱情對待他。當眾人散去，只有你並未因上司的受挫而冷淡他，這自然會被上司看在眼中，記在心上，並暗暗感激你的寬容和支持。
- **私下多些問候**：當上司被孤立或受處分時，其心裡的苦悶是可想而知的，私下里慰問你的上司，會大大增加你們彼此的感情。

- **出謀劃策**：慰問和鼓勵上司的確會增進上下級的感情，但卻無助於問題的解決。如果你想在與上司的關係方面更進一步，成為其真正的「貼心人」，你就要學會出謀劃策，幫助上司走出困境。一旦上司認知到你是在為他著想，也的確為他指明了一條明智的、擺脫困境的方法，他將會對你大為欣賞。

- **支持工作**：一如既往地支持受孤立的上司的工作，這既是對上司忠誠的一種表現，也是對工作負責的一種態度。特別是那些有上進心的上司，非常想儘快地做出成績，擺脫困境或將功補過，這時他最需要有人支持他的工作，對你的付出他定會心懷感激，暗記在心。

▌幫助上司擺脫困境

處於困境之中的上司需要下屬的安慰和鼓勵，更需要下屬實實在在的行動，因為只有行動才是改變現實求得發展的唯一出路。能在言語上慰藉上司的下屬，會使上司感到溫暖；而能在行動上幫助上司擺脫困境的下屬，則會被上司視為「患難知己」。

人們常常說「同甘共苦」，「同甘」人人都會，「共苦」又有幾人能做到呢？在困境中與上司「共苦」，竭力幫助他，你終會有苦盡甘來的一天。

為退休的上司送關切

俗話說「善始善終」，雖然上司要走下主管職位了，彼此也不再是上下級關係，但是妥善處理這方面的關係仍是很重要的，它反映了一個人的眼界、涵養和處世的水準。

▌過河莫拆橋

在有些急功近利的下屬看來，上司即將退休，不再掌握實權，因此對自己不再有用，態度馬上急轉直下，由有意巴結變為有意冷淡。這種以「利」作為衡量一切事物標準的人，實在是不聰明，是短期行為，難成大器。

過河拆橋不僅是一個道德問題，而且對於下屬來說也未必有什麼好處：

一是上司身退，餘威尚存。上司退休了，不再握有實權了，但上司的威望卻並不會立刻消失，它們會透過各種方式對公司內部的既定關係產生影響。有許多上司在與下屬共同的奮鬥歷程中結下了深厚的友誼，這種友誼經得住時間和困難的考驗，具有某種內在的恆定性。許多下屬仍願意聽從其號召，並且在其退休之後可能仍與其保持著私下的交往，透過這種人際互動，上司的觀點、看法等仍會作用於公司內部的人際關係，只是不如從前那麼強烈而已。

此外，上司曾經提拔和重用過的人不會忘記他。這些人現在很可能處於某個很重要的工作崗位上，他們與上司有著千絲萬縷的聯繫。雖然上司可能不再有權力了，但他的經驗還在，他的人際關係網還在，這些非正式的途徑都會影響到公司內部某些領導者的看法。既然上司尚有這麼大的威力，而受到影響的人物又存在於你的身邊，與你的切身利益息息相關，你又豈能過河拆橋呢？

二是過河拆橋，自斷後路。有些人可能會認為，既然已過了河，拆橋便不會對自己有什麼損失，但是，別人一旦看在眼裡，便不會再為你搭橋了。人的一生中不可能只渡一條「河」，由於過河拆橋者已失去了「信譽」，讓人覺得不可靠，不值得信賴，就很難在困難時刻得到幫助。

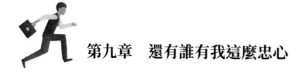

第九章　還有誰有我這麼忠心

▊讚揚上司的輝煌歷史以及他引以為榮的事情

人退休了，就喜歡回憶過去，回想自己的輝煌歷史。讚揚上司輝煌的歷史的過程，也就是你向他表達對他的欽佩和敬意的過程。而老年人總是喜歡那些尊重自己的年輕人。

▊談論自己從他身上學到的東西

退休的上司就像一本精深的厚書，這其中凝聚著他在一生奮鬥歷程中所總結出來的珍貴經驗，而這些經驗的獲得又往往是經過許多的失敗和挫折才總結出來的，因此，其經驗對下屬來說，是尤其珍貴的。談論自己從上司身上學到的東西，會激發他對你的認同感。談論自己從他身上學到了很多東西，也是顯露了自己謙虛的美德，進而贏得別人的讚揚。

▊瞻望退休後的美景

無論如何，上司退休以後都會有某種失落感，此時他最需要別人的安慰以實現自我的心理平衡，所以，不妨對他退休後的生活做一番美好的描繪，表示你的羨慕之情，使上司獲得某種寬慰，振作精神，開始新的生活。

為上司描繪一幅他退休後享受天倫之樂的圖景，鼓勵上司退休之後培養一些有情調的業餘愛好，使他用輕鬆的心境來安排自己的生活，相信他會感到十分寬慰的。

不妨來點口頭示忠

戰國時，安陵君在獲取封號前是楚王的寵臣。有一天，江乙對安陵君說：「您沒有一點土地，宮中又沒有骨肉至親，然而身居高位，接受優厚的俸祿，國人見了您無不整衣下拜，無人不願接受您的指令為您效勞，這是什麼呢？」

安陵君說：「這不過是大王過高地抬舉我罷了。不然哪能這樣！」

江乙便指出：「用錢財相交的，錢財一旦用盡，交情也就斷絕；靠美色結合的，色衰則情移。因此狐媚的女子不等臥席磨破，就遭遺棄；得寵的臣子不等車子坐壞，已被驅逐。如今您掌握楚國大權，卻沒有辦法和大王深交，我暗自替您著急，覺得您處於危險之中。」

安陵君一聽，恍如大夢初醒，恭恭敬敬地拜請江乙：「既然這樣，請先生指點迷津。」

「希望您一定要找個機會對大王說，願隨大王一起死，以身為大王殉葬。如果您這樣說了，必能長久地保住權位。」

安陵君說：「我謹依先生之見。」

但是又過了三年，安陵君依然沒對楚王提起這句話。江乙為此又去見安陵君：

「我對您說的那些話，至今您也不去說，既然您不用我的計謀，我就不敢再見您的面了。」

言罷就要告辭。安陵君急忙挽留，說：

「我怎敢忘卻先生教誨，只是一時還沒有合適的機會。」

又過了幾個月，時機終於來臨了。這時候楚王到雲夢去打獵，1,000多輛奔馳的馬車連接不斷，旌旗蔽日，野火如霞，聲威壯觀。

這時一條狂怒的野牛順著車輪的軌跡跑過來，楚王拉弓射箭，一箭正中牛頭，把野牛射死。百官和護衛歡聲雷動，齊聲稱讚。楚王抽出帶氂牛尾的旗幟，用旗桿按住牛頭，仰天大笑道：

「痛快啊！今天的遊獵，寡人何等快活！待我萬歲千秋以後，你們誰能和我共有今天的快樂呢？」

這時安陵君淚流滿面地上前來說：「我進宮後就與大王共席共座，到

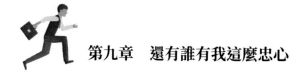

第九章　還有誰有我這麼忠心

外面我就陪伴大王乘車。如果大王萬歲千秋之後，我希望隨大王奔赴黃泉，變做褥草為大王阻螻蟻，哪有比這種快樂更寬慰的事情呢？」

楚王聞聽此言，深受感動，正式設壇授他為安陵君的封號，安陵君自此更得楚王寵信。

等待時機的來臨需要充分的耐心。這個過程也是積極準備、待條件成熟的過程，等待時機絕不等於坐視不動。《淮南子・道應》云：「事者應變而動，變生於時，故知時者無常行。」

儘管江乙眼光銳利，料事如神，畢竟事情的發展不會像設想的那樣順利和平靜，而安陵君過人之處在於他有充分的耐心，等候楚王欣喜而又傷感的那個時刻，這時安陵君的表白，無疑是雪中送炭，溫暖君心，因此也收到了奇效，保住了長久的榮華富貴。

口頭表達對上司的效忠，其優點是有的放矢地將訊息發送給了被效忠者，缺點是對方聽見了卻不一定聽進去。

忠心不需要唯唯諾諾

對上司忠心，並不意味著一味奉迎，毫無個性。事實上，人的可貴和獨特之處在於有自己的見解。下屬對上司的意見如果不贊同，要會說「不」字。那些怕得罪上司、對上司唯唯諾諾者，上司也許會喜歡一時，但很難長久。

▎對上司不要迷信

上司要求下屬不但要做事，而且要把事做好。一個人要想把事做好，除了配合上司外，必須要動腦筋，有自己的主見。這種主見有時不可避免地會與他人的想法不一致，其中也包括與上司的想法有出入。如果因為怕

與上司頂撞而不表達自己的主見，久而久之，上司就會認為你是一個沒有主見的人，這對你今後的發展是非常不利的。

拒絕上司的要求並不是一件容易的事，但在內心不情願的情況下勉強接受工作，工作起來就感到索然無味，也很難獲得好的工作成績。因此，自己若沒有能力完成某項工作時，最好不要貿然答應。

一般來說，上司總會懷著期待的心情，認為自己的指示和命令下屬當然會接受。此時若出人意料地遭到拒絕，上司的心理感受一定不妙。所以下屬向上司說「不」的時候，出言必須謹慎，還要進一步緩和對上司的抗拒情緒，以免上司有些尷尬，進而使他能以輕鬆的心情接受你的反對意見。

▌減少上司的抗拒情緒

曾經擔任過日本東芝社長的岩田二夫說過一句話：「能夠『拒絕』別人而不讓對方有不愉快的感覺的人，才算得上一個優秀的員工。」

因此，拒絕其實是一門學問。「拒絕」含有否定的含義，無論是誰，自己的意見或要求被否定，自然會造成情緒上的波動。

美國前總統雷根在拒絕別人的請求時，總是會先說「yes」，然後再說「but」。這種先肯定後否定的表達方式，讓被拒絕方看來是一種深思熟慮、謹慎的態度，對緩和被拒絕遭拒絕時的衝突情緒有顯著作用。

▌要等上司把話說完

有一種不經心的拒絕態度，就是上司還沒有把話說完，就斷然地否決他。這樣一來，上司即使不惱怒，也不會對你有好感的。要說服別人，總需要聽清楚對方所說的話，這樣才能找出說服對方的理由。

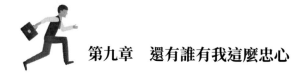

▍以問話的方式表示拒絕

以問話的方式拒絕上司時，不要用直接表達自己的意見的方式，應改用詢問的形式。

如：「從以後的發展或長遠的觀點來看，結果會如何呢？」退一步講，用請教的方式，可保住上司的臉面，上司或許就漸漸會向你的設想靠攏。

▍提出替代方案

提出替代方案的好處在於，你儘管拒絕了上司的計畫，但並不是拒絕上司本人，而是認為他這個計畫行不通，你仍然敬佩上司的工作熱情和對工作負責的態度。因此，你提出這個替代方案只是為了使上司能把工作做得更好。這樣一來，上司明白了你的苦心，往往不會責怪你，甚至會認為你在替他分憂，久而久之，視你為值得信任的人。

正確對待上司的失誤

上司，也會在工作中出現各種各樣的失誤，身為下屬要正確對待上司的這些缺點和過失。我們能做什麼呢？下面給你提供一些建議：

▍對上司的失誤要具體分析

任何人都不是完人，都會犯這樣的那樣的失誤，這是非常正常的。要不要糾正自己上司的失誤，是一件很不好處理的事情。如果聽之任之，不去指出，很可能會給部門，以及自己本身帶來不利的損失，也很可能會事後遭到上司的責怪，認為這種下屬不行，不具備當參謀的能力；如果給予糾正，又往往會傷害上司的自尊心，可能給上司造成一種狂妄自大的印象。面對這種情況，該怎麼辦呢？

這裡，首先影響你判斷和決定自己行為的有以下幾個因素：

- 你和上司的關係如何？是較為熟悉和知己的關係，還是單純的上下級關係，或泛泛之交？是長期相處，還是僅僅是短時間的來往？這是一個十分重要的因素。

- 你對上司的工作作風與個人性格的了解。他是一個專注的人，還是一個比較民主的人？他平時對別人的建議與意見的態度如何？他是一個性格豁達的人，還是一個心胸比較狹窄，愛記仇，並容不得不同意見的人？等等。這也是決定行為取向的重要標準。

- 視上司所犯的失誤的性質及其可能造成的後果而言。如果只是一般工作方式和個人性格，或生活上的小事情，大可不必多言，隨它去好了；而假如是關係到部門利益的重要事情，而且與上司本人及部門都有關，則應該予以糾正。如果事情的可能後果不算什麼，也可以聽之任之；但它的危害性可能較大時，便絕不可視之為兒戲。當我們從這幾個因素出發，綜合地思考其中的利害關係與得失，便能夠較為明確地決定要不要糾正上司的失誤。

　　然而，僅有上述幾個因素還是不夠的，如果你從上述幾個方面考慮應該糾正，那麼還不可貿然從事。因為，必要的時空條件也常常是不可忽視的因素。顯然，在大庭廣眾之下，輕率地去糾正上司的失誤，肯定算不上明智之舉；而在上司怒氣衝衝，情緒亢奮的狀態下急匆匆地進言，也得不到好果子吃。恰當地表述是十分重要的。

▌透過暗示讓上司自己發現並改正自己的失誤

　　當我們發現上司的某些缺點和錯誤時，不能急於「曝光」。而要透過某些象徵性的符號、表情和動作等讓上司感到自己可能是出現了某種錯誤，因而發現並改正。這對上司來說也是一種極好地表現自己機會，也是

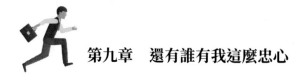

第九章　還有誰有我這麼忠心

一個更好地樹立自己威信、展現自己能力的機會。在這種情況下，要是在自己知道上司有了紕漏之後，主動地上前告訴他，並予以糾正，這無異於剝奪了對方自我發現、自己改正的主動權和機會。這樣，他會高興嗎？

▍下屬對上司的批評要講究具體方式

　　一般來說，上司對下屬的批評指責可以公開一些，直接一些，顯露一些；而下屬對上司的批評則應當講究方式、方法、地點、場合及時機。這樣做不光是工作的需要，也是維護上司威信和尊嚴的需要。當上司和群眾發生矛盾衝突時，你能夠體諒上司的難處，能夠考慮到他有正確的一面，能夠替他作些解釋，這不僅使上司感激你、欣賞你，而且也使你獲得了進一步反映大家要求的好機會。而如果你發現了上司的缺點後，對上司進行批評時（特別是當上司不是一個開明的上司時），不講究方式、方法、地點、場合及時機，就有可能讓上司成了一塊心病而加以提防，甚至內心十分反感。處在這種角色上，你的前途可以說是沒有多大的指望。

　　小胡是一個在某市法制局工作的青年，可是剛過半年，他就調離了。原因是在討論一項地方法規時，他對於法規草案中某一個條文很有意見。小胡是學法律的，他振振有詞地表述自己的意見，認為自己說得對。而上司不能接受他的意見，反而搞僵了關係不得不調離了原來部門。他一直對此事憤憤不平。後來當我們弄清了是怎麼回事的時候，就反過來責怪小胡了，原來當時主管和法學教授都在座，小胡對原本部門的上司很不客氣，甚至說他不懂法律。其實小胡的意見後來在法律修改時還是部分地被採納了，可是從那以後，凡是討論法規的會議，上司都不安排小胡參加更不用說得到晉升，時間長了，小胡認為自己受壓抑受埋沒，於是就調轉了工作。

警惕上司不再信任你的徵兆

上司不再信任你，都是有跡可循的。如果我們趁這種不信任的苗頭剛剛抬頭時，就馬上作出應對，相信重新博取上司信任的可能性會大得多。下面我們舉出幾種預示上司不再信任你的徵兆。

▌不再讓你參與以前例行性的會議

有一些會議，本來你都曾經出席和參與，突然老闆交代下來，這些會議你不用參加了，也沒有說明什麼理由，這是一種明顯要讓你自動退出的具體暗示。

尤其是那些不在上班時間開，解決公司問題和方針的會議，若老闆通知你不要去開會或會還是讓你去開，但不讓你發言，或在你發言時老闆顧左右而言他，那結果也是一樣的。

▌去找別人討論你的業務或工作

在你的業務以內的工作，假如你是生產部經理，要如何招聘作業員工，這是你安排一下即可的事，你的老闆卻頻頻地去找別的部門或你下面的科長去辦理此事，此時你千萬不要認為他怕你，以為自己占了上風 —— 答案絕不是這樣的。

老闆之所以不來找你的原因，大部分是，在他心目中的名單內，你被除名了，因此他不必再來找你囉嗦，反正你很快就會被炒魷魚，找你也沒用，不如直接找你下面的科長或將來會代理你的人，會來得比較實際和有效果。

▌老闆直接召集你下面的員工開會而不讓你出席

開始老闆這麼做時，還會先通知你一聲，不要你出席。老闆或許會找一些理由，好讓下面的人不再拘束，可以提出一些寶貴和有意義的建議。可是

第九章　還有誰有我這麼忠心

開了一兩次會以後，他就會經常這樣做，不再找理由或跟你做什麼說明。

你的老闆這樣做的原因有下列三種：

- 讓下面的員工直接受他指揮與控制，於是你便被架空。
- 利用開會的機會來指揮你下面的員工，削弱你的影響力和你心腹的實力。
- 在開會的過程中挖掘一些你的隱私，以便開除你時，有更多對你不利的因素。

▍莫名其妙地安排你出差或旅遊

誠然，老闆要你出差或旅遊去散散心，那是一番好意。往往這種安排都有脈絡可循的，或列入預算，而不是你老闆一時高興，隨意指派的。

為什麼莫名其妙地安排你出差或旅遊呢？很可能只是希望你不在的時候，他在處理你的業務、人員時，阻力會比較小，也沒有什麼顧忌。

▍讓你建立制度，並將你的工作詳細建檔

或許公司原本就沒有制度，工作也沒什麼規則可循。若老闆一下子變得非常熱心。命令你建立制度、留下檔案，最後問你，若你不在，你的部門應當如何作業？他的要求，好像也不是說著玩玩，而且是頗認真的。

事實上是他已經在某些問題上懷疑你了或進一步想了解一下把你開除後，會不會出現不良狀況？但他不會傻得跟你一樣，跑來直接和你講你被我辭了之後，部門會出現什麼問題。

老闆會設法偽裝自己，把他要炒你魷魚的想法先隱藏起來，反而強調為公司創立百年制度、千年基業，大家不要藏私心，不要保留，將你知道的都提供出來，能做的盡量做好。等到他看到時機成熟了，便一聲令下，你也只好捲鋪蓋走人。

▌應徵一些員工來做你的副手

你的老闆，頻頻應徵一些員工做你的副手，有時招了一個還不夠，一下子招了兩二個員工。雖然他會向你解釋，你太累了，多招些員工來幫你的忙；或你真是太辛苦了，這些員工進來，你也不必再如此辛苦了。

你或許真會這麼想，以為他之所以如此做，是體諒你，讓你不要太辛苦和操勞了。老闆多招些人來幫助你做事，做老闆的哪會這麼想呀，除非他有神經病！

要知道，你寧願一個人做，哪怕做到累死（歷史上這類的人很多，如孔明先生），也不要讓老闆找那麼多員工來把你擠走。你若累死，至少還可留名青史；若被擠走的話，就不光彩了。

▌談獎勵時沒有任何表示

每個公司都會有一套獎勵的制度，不管這套制度是成文或是不成文的。大家都清楚，什麼時候該被獎勵或是怎樣才會被懲戒。當你發現，你該被獎勵的時候，沒有被獎勵。那麼，先不忙著去爭，或許你的老闆已經想開除你了。

▌犯小失誤遭到大懲罰

你或許在工作上犯了些小錯，這錯別人也犯過，只要改了，不再犯了，一般都是三言兩語就會被解決或化解掉的。一次，這失誤出在你身上，老闆卻一本正經的將「它」當作大事來辦。此時，你可得要小心了，你的老闆或許要炒你的魷魚了。

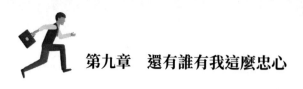

第九章　還有誰有我這麼忠心

第十章　該爭取的利益不要客氣

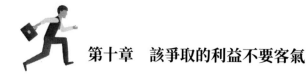

第十章　該爭取的利益不要客氣

乾隆與風流才子紀曉嵐夜遊太湖，見太湖上船來船往，好不熱鬧。乾隆欲刁難號稱「江南第一才子」的紀曉嵐，便出了一道題，問紀曉嵐：湖上有多少條船？

紀曉嵐知道乾隆的心思，略做沉思，便脫口而出：兩條。

乾隆好奇地問：為什麼是兩條呢？

紀曉嵐回答：天下熙熙，皆為「名」來；天下攘攘，皆為「利」往。這太湖之中，僅有「名、利」兩只船。

紀曉嵐的話令乾隆心服口服。

應該承認，人生是充滿競爭的，這種競爭大都是建立在實現自我價值基礎上的利益之爭。在人類社會幾千年的歷史發展長河中，利益之鞭一直是驅策大多數人奮力進取的一個推進器。

爭取利益要講究藝術

《聖經》中有這樣一則故事：有位先生升天後要進入天堂去享受榮華富貴，就排隊領取進入天堂的通行證。因為他不善於競爭，後面的人來了直接插在他前面，他卻始終保持沉默，絲毫沒有任何反抗或不滿，就這樣等了若干年，他仍排在隊的末尾，沒有得到他想得到的天堂。

這個故事對我們深有啟發。在一個工作團體中，在利益面前，不要逆來順受，也不要過分謙讓，應該大膽地向上司要求自己應當得到的。

當人們談論工作究竟是為什麼的時候，可能有很多不同的回答：但是，誰都不能否認我們是為利益而工作，例如金錢、福利、職務、榮譽等等，否則就顯得太虛偽了。在當今社會中，我們說為利益而工作是正大光明的。

我們強調在與老闆相處的過程中要學會爭利這個問題，就是由於有太多的人因為不會爭利而頻頻「吃虧」。

不會爭利一般有兩種表現：一種是不敢爭利，甚至連自己應該得到的也不敢開口向上司要求，怕給上司造成不良印象，大有「君子不言利」的味道；一種是過分爭利，利不分大小，有則爭之，結果常常跟在上司屁股後喋喋不休地講價錢，要好處，把上司追得煩不勝煩。其實這兩者都是不會爭利的，爭利也有個技巧問題。

俗話說：「老實人吃啞巴虧」，「會吵的孩子有糖吃」，這是我們的祖先總結出的地道地道的「真經」。例如，在同等條件下，兩個同事工作都比較勤懇認真，但在分房時，一個「有苦難言」，對老闆只提了一個要求，雖然自己結婚 5 年但 3 口人仍然擠在一間破舊的平房裡；但另一位卻三天兩頭地找老闆訴苦，有空就撥撥老闆腦子裡面分房的這根弦，結果被優先考慮，而他的那位老實的同事卻只能眼巴巴地看著別人住進了寬敞明亮的新房，難道他不明白其中的奧妙嗎？

有些人認為向老闆要求利益，就肯定要與老闆發生衝突，替自己找麻煩，影響兩者的關係，什麼都不敢提，結果常常是一事無成。

做好本職工作是分內的事，要求自己應該得到的東西也是合情合理的，付出越多，應該得到的就越多。

只要你能為上司做出成績，向上司要求你應該得到的利益，他也會滿心歡喜。若你無所作為，不管在利益面前表現得多麼「老實」，上司也不會欣賞你。

實際上，從領導的藝術上來說，善於控制下屬的上司也善於將手中的利益作為籠絡人心、激發下屬的一種手段。由此可見，下屬要求利益與上司手握利益是一個積極有效的處理上下級關係的互動手段。

要知道，一個有價值的員工，一個有成就的員工，為自己的利益而爭取是光明正大的。

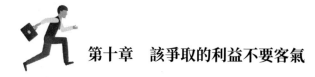

第十章　該爭取的利益不要客氣

▍提出升遷請求要主動

人世間到處充滿著競爭。就社會來講，有經濟、教育、科技的競爭，有就業、入學，甚至養老的競爭。就升遷來說也不例外，在通向金字塔頂端的道路上每一步都有競爭的足跡。

對於同一職位覬覦者有很多。當你知道某一職位或更高職位出現空缺而自己完全有能力勝任這一職位時，保持沉默，絕非良策，而是要學會爭取，主動出擊，把自己的意見或請求告訴老闆，常常能使你如願以償。

戰國時期趙國的毛遂、秦王嬴政時的甘羅已為我們提供了最好的證明。特別是老闆有了指定的候選人，而這位候選人在各方面條件都不如你時，本著對自己負責的態度，也要積極主動爭取，過分的謙讓只會堵死你的升遷之路。

當你向上司提出請求時應該講究方式，不能簡單化。宜明則明，宜暗則暗，宜迂則迂，這要依據上司的性格、你與上司以及同事的關係、你的人緣等因素而定。

可採用「明示法」，就是透過書面形式明確地向上司提出自己的請求；或採用「暗示法」，即在與上司溝通（包括談話或報告）過程中做出某種暗示，如「我要是擔任某職，會如何做，會比某某更能幹……」；或採用「迂迴法」，即請他人轉達自己的請求，而這個人最好是上司的心腹。

▍提出調換工作崗位的請求要適當

一個人若能得到與自己的能力、興趣完全一致的工作崗位，那無疑是一件非常值得慶幸的事。在現實生活中，命運常常跟人們過不去。人們也常常在社會分工中，在某一部門裡，被安排在某個不是很理想的工作崗位。

比如，有人想做電工，卻分到了機床邊；有人想開汽車，卻來到鍋爐旁……面對這種種不盡如人意之處，人們應當有一個調整自己的取向，而不能一味遷就社會，使自己受到不公正的待遇。

在條件允許的情況下，我們要不要主動找上司談談，提出調換工作職務的要求呢？

完全可以。假如在同一個公司內，你認為有更適合你的工作崗位，那兒也需要人員補充時，你就可以提出這樣的要求。然而，在這種時候，往往有這樣幾種情況會影響你的請求。

- 你目前所在的職位更需要人，特別是一些相對而言比較艱苦勞累的工作職位，上司不大願意輕易地把人員調動，以免動搖人心。因此，儘管你想去的職位也需要人，上司也不一定會滿足你的願望。所以，你的請求便是不適當的。

- 儘管你所在的職位也可以讓你走，但你想去的職位卻是一個很多人嚮往的地方，不少人也都有同樣的願望，在此情況下，上司也常常寧可保持一種穩定和平衡，不做任何調整。於是，你的請求可能也會招致不好的結果。

因此，在提了類似的請求時，最好先考慮一下這樣做的可行性到底有多大，然後再做決定。否則，那將是不適當的。

爭取利益要掌握分寸

根據調查，上司在交代重要任務時常常利用承諾作為一種激勵手段，對你而言這既是壓力又是動力，對上司來說心理上也感到踏實、穩定，他堅信「重賞之下必有勇夫」。

第十章　該爭取的利益不要客氣

在接受重大任務前，當面向上司請求自己應該得到的，就表明你對完成任務充滿信心，也能表明你既然如此坦誠的要求了利益，那麼在完成任務的過程中就可能不再玩「滑頭」。

尤其是牽扯到經濟利益和好處的一些事情時，上司也深明其中的利害，把這樣的任務交給你去辦他能不存疑心嗎？

例如，你或許能在其中撈點回扣、動點手腳、收取禮品等等，上司都能想到，若你接受任務時不聲不響非常痛快，上司可能會認為「你這小子這麼痛快地接受了，一定心存不良。」因此，你最好有話說在當前，有要求提在前面，要玩「馬前卒」，不要做「馬後砲」。

有些人向上司提要求時不會掌握分寸，常常要求很高，引起上司的反感，招致「講價錢」、「做了多少事」的奚落。根據我們的經驗，你需要做到不爭小利。不為蠅頭小利而生氣，要具有寬廣胸懷、大將風度，在上司心目中形成「甘於吃虧」、「會吃虧」的好印象，在小利上堅持以忍讓為先。

- **按「值」論價，等價交換**：如你募集到 10 萬元贊助費或為公司創利 100 萬元，你要按事先談好的「提成」比例索取報酬，不能擴大要求，也不要讓上司削減對你的獎勵。

- **誇大困難，允許打折扣**：「漫天要價，就地還錢」是對付一些喜歡打折扣的上司的方法。有時你把困難說小了，上司可能給你記功小，給你的好處也少。因此，要學會充分「發掘」困難，善於向上司表露困難，要求利益時可以放得大些，比你實際想得到的多一些，給上司一些「餘地」，不給人造成你「想要多少就給多少」的想法。

怎樣成功爭取加薪

任何人都希望自己的加薪要求獲得通過，但是怎樣說服上司而達到這個要求呢，那需要講究一定的策略。

▌ 知己知彼

先要清楚自己的價值和市場行情，在談判中你就將占有主動權。當上司問你要求的薪水數時，回答得過高和過低都將影響你在上司面前的說服力，因為透過這件事上司就能夠明白你是否做過調查。

不經過調查就沒有發言權，否則主動權就掌握在上司的手中了，最多你提出的加薪問題只是一個「自認為」的問題。

其次還要提出加薪的理由。透過與其他相同類型公司的分析對比，透過你的工作量，透過你所負責的工作，透過你的能力表現，透過你與其他人的對比，透過經濟效益等，使你的理由充分、到位。

加薪的理由中影響最大的一項是：公司的付出與你的產出之比。加薪理由中最充分的一點是：你的職責的擴大。即具有較大的發展潛力是公司需要透過加薪將你留住的一個因素。良好的人際關係和工作關係是每個公司都需要的，常常造成調合劑的作用，也是加薪的理由之一。

還有，明確知道誰能夠真正決定你的薪水。這樣可以利用間接關係或直接關係來進行聯絡而獲得順利透過。

提出加薪，特別是第一次，對每個人來說都是非常困難的，因為你要赤裸裸地談錢。

這對於我們來講確實難以適應，我們習慣了被施捨的生活，而不能自己去爭取更好的生活。一定要改變這種觀念，命運是要掌握在自己手中的，要樹立自信心，認知到自己創造的價值，應當得到更多的回報。

第十章　該爭取的利益不要客氣

一旦請求加薪的要求沒有得到批准，千萬不要氣餒，既要尋找自己的原因，是不是自己真的就只值這些錢了，還要考慮是不是自己的對策有問題，是不是自己做事情沒有被發現或被真正了解。經過分析之後再採取行動，最乾脆的辦法就是跳槽走人，尋找自己真正的價值。

▌爭取好身價

在外商公司中一般要透過你的薪水來展現你的價值。知道自己到底值多少錢，對於準備跳槽和已經跳槽的人來講都是一件比較重要的事情。

即使對於本土企業來說，知道自己的價值也會知道自己的付出與獲得之比，在選擇工作時就知道哪些是需要注意的。

▌巧用比較獲提薪

透過比較的辦法，借用其他地方的標準，來促使上司提高自己的薪水，是一種比較易於接受的方式。

我有一個朋友，在一家公司做業務主管，他認為自己每月 50,000 元的薪水有些偏低。可是看到其他的同事向上司提出加薪大都沒有被批准，因此他採取了一個策略。

利用出差的機會，到另一家公司參加了應徵，那家公司答應每月 10萬元的薪水。回到公司以後，他也沒有直接去找上司談，而是把這件事有意無意地透露給了他的同事。結果，過了沒幾天，上司找了他，宣布要把他的薪水漲到每月 10 萬元。

其實他根本沒有去另一家公司的打算，他應徵只是為了讓上司能夠心甘情願地幫他調整薪資。若不這樣做，他的加薪請求恐怕也會遭到和其他同事一樣的命運。

透過這種方法為自己加薪，在職場中有很多類似的例子。上司不是不

知道你的價值，只是含糊其辭，不願意多付出那筆錢而已，在很多的公司都有這樣的情形。當他們知道將要失去一個成熟的員工時，就會採取調薪的辦法來挽留人才。

當感到自己在原部門沒有什麼發展時，提出調轉，會增加你的籌碼，也會使上司認真考慮你的價值。公家機關中獎金的平等意味著不升遷就得不到調薪，就算你能力很強，也應對朋友說：「我這不是不安分，也不是對公司不忠誠，而是不斷追求自己的最大價值。」

隨著自己的跳槽，薪水也會不斷地增加，自身的價值也就愈來愈清晰地展現出來，而市場就是你的價值槓桿，你接受的是按市場行情的薪水標準。

是否所有的跳槽都會滿足你調薪的要求呢？答案是否定的。因為當你辭職時，許多不確定的因素就擺在你的面前，比如暫時沒有經濟來源，你原來確定的公司忽然不想再要人等諸如此類的問題會接踵而來。

在跳槽之後幾個月的時間內你一直在不停地忙碌著，這也是按市場行情的一種特點，一旦你不再適應這種生活，你的價值也將下降。

跳槽之前應當首先清楚自己有沒有把握獲得更高的薪水，還要了解你的適應能力有多強，患得患失做各種比較，確定到底如何做才是最合算的。當你跳槽時，就義無反顧地向前衝。

可能當你剛剛跳槽之後你所從事的行業會突然整體下滑，就要按市場行情行事，不要與原來再進行比較，因為那樣做已經沒有任何意義。在市場中展現出來的自己的價值，也是最客觀的。

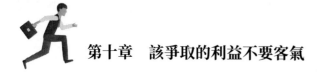

第十章　該爭取的利益不要客氣

晉升的基本常識

　　想晉升，最好先明白一些晉升的基本常識。這有助於你在謀求晉升時能更具有競爭力。

▌晉升的方式

　　下屬晉升的方式，按不同標準可分為：內升式與外升式；「爬梯式」與「跳躍式」；三位晉升制與多路晉升制。

（1）內升式與外升式

　　內升式是指下屬從原本系統內部逐漸晉升的方式。如由科長升為副處長一職等。採用這種方式，由於其對原本部門、系統情況諳熟，依天時、地利、人和，易迅速打開局面，做出成績，展示風采。此外，採用這種方式，有利於安定人心，鼓勵人們努力工作，積極進取。現在下屬多採用此通道晉升。但你應注意務實創新，增加工作新氣氛，防止思想、工作方面的僵化。

　　外升式是指下屬向外發展，從原本系統以外獲得晉升的方式。如由大學副校長升為公司總經理一職等。外部升補，選擇範圍廣，有利於因事求才、廣招賢良。此外，它還有助於改變團體中的惰性，增加部門的朝氣，也有利於減輕「小集團」對部門的影響。但這種方式也有不足之處，由於對外補人員難以做全面、深刻的了解，因此可能會產生在使用上和配合上的困難。

（2）「爬梯式」與「跳躍式」

　　晉升主體從基層工作做起，一步一步如爬梯般逐漸晉升到較高一級的職位上，叫「爬梯式」晉升。按這種方式，下級可以在不同類型和不同級別的職位上學習，全面豐富他的工作經驗和技能，逐級晉升到較高能力，

一旦升任到高一級職位，憑藉長期工作經驗和對各種級別工作方法的熟悉，能迅速展開工作，打開局面。但「爬梯式」也往往因級別、時空限制，使具有較強能力的下級難以迅速施展才華，展示其人生價值。

所謂「跳躍式」指晉升主體躍過一系列的中間職級，從某一較低職位直接升到一個更高的職位上，同時獲得相應的權力、待遇和承擔相應的職責，如由廠長一步升到縣委書記一職。這種方式有利於迅速發揮下級的才能，但也易出現因不熟悉各級工作方式而不能打開局面，甚至因能力差會退下來的可能。下級究竟採取何種方式獲得晉升，一方面下級必須要充分了解自己的實際能力，選擇最佳途徑；另一方面下級也要不斷擴展自己知識面，提高自身能力，為晉升或適應更高一級的職務創造有利條件，打下牢固的基礎。

（3）三位晉升制與多路晉升制

職務晉升的路線，一般認為主要有兩種類型，即三位晉升制和多路晉升制。

三位晉升制的內容是：每一個工作人員在職場上都具有三種不同的地位：一是下級職位，即晉升以前的原職位；二是現任職位，即現在所擔任的職位；三是上級職位，即將來可能再晉升的職位。這樣，每個人就同時具有若干身分：對下級來說，是老師；對現職來說，是工作者；對上級來說，是學生。這樣，既培養了現任職位未來的繼承者，又了解和掌握了擔任上級職務應具有的技術與能力。但是，這種晉升路線限制了人員向多方面發展，因此它一般僅適用於採用直接式管理的公司。

多路晉升制的內容是：根據工作之間的縱橫關係，每一職位都有若干個發展方向，與若干可以晉升的職位聯繫。例如，某科員可能升為科長，也可能升為主任科員或祕書及其他職務，沿著不同路線晉升。這種晉升方

第十章　該爭取的利益不要客氣

式不限制人的才能發展，可以根據人員的特長和興趣，為人們提供較多的晉升機會。與三位晉升制相比，多路晉升制比較靈活，富有彈性，但是，這種晉升方式專業化程度稍低。

▌晉升的途徑

條條大路通羅馬，晉升的途徑也各有不同，主要有以下六種：

（1）上級任命

上級任命是晉升的主要方式、主要渠道，其他的許多晉升方式最終都是要透過上級的提拔任命得以最終實現。

所謂上級任命，一般來說，主要上司的個人意見發揮很大作用，但是，並不是發揮全部決定性作用。

「上級任命」這種方式的特點有：

- 具體任命和選拔權力，在提拔主管階層和官員中發揮重要作用的上級主管、領導團隊、主管部門，對於主管階層政策、選拔人才的標準掌握和理解程度如何、看人的眼光和角度、人才觀念和意識如何，在選拔和任命中有重要意義。

- 任何提拔選任的上級主管，都要受整個公司的制約。其個人的主觀願望、主觀眼光和偏好常可以發揮很大作用，但是又不能發揮決定作用。

- 工作需要、職位空缺、任務繁重以及輿論的推動等等，使主管在用人方面產生迫切的願望，並且對他的用人眼光和標準、選拔的心態會有很大的影響。

- 晉升追求者在上級心目中的形象反映、地位如何十分重要，而在這些因素當中，晉升追求者和主管個人關係是否和諧又是最重要的。

- 晉升追求者的各種素養、表現、才能、能力等，只有化成能夠傳遞到決策上級那裡的有效訊息才能發揮作用。這種訊息的傳遞有一個時間的過程，有一個累積的過程，也有一個失真、過濾、變形、混雜的問題。因此，需要不斷強化和累積正面訊息，不斷淘汰和過濾負面訊息，以便使主管能夠有效地加深印象、掌握主流、去偽存真、正確地認知人才。

- 訊息傳遞渠道廣泛，需要充分開發利用。例如，人事部門、業務部門、相關單位、業務客戶、群眾輿論、一般評價以及社會傳播媒體等等，都可以對晉升發揮影響，發揮作用。

由以上特點，我們可以看出：晉升追求者應當和上級保持良好的關係，應當主要以自己的工作業績和工作能力取得上級的信任、重視和欣賞。但是，又不能一味地討好上級，不顧其他。

（2）民主選舉

選舉制度源遠流長，是一項展現民主的制度。從晉升者的角度來看，民主選舉作為一條重要渠道和一種重要方式是不容忽視的。其主要特點如下：

- 民主選舉是領導決策的重要參考，也是主管發現人才、重視人才的一條重要渠道。
  選舉出來的人有時和主管意圖完全吻合，有時和主管意圖基本吻合，有時則完全出乎意料，和主管原來的想法大相逕庭。但無論如何，都是一種重要的訊息傳遞，在訊息上造成強化、刺激、啟發、累積的作用。

- 民主選舉表現了對人才在更廣泛基礎上的檢驗，具有扎實性、廣泛性、基礎性的特色。同時，選舉是一種公平競爭，因而具有篩選性、

淘汰性的特徵。因此，能夠在選舉中獲得多數票，無論對晉升發揮直接的決定作用還是間接的決定作用，都是一種重要的基礎。

- 在選舉中獲勝，需要塑造和傳播自己的形象，需要被廣大選舉者所了解，因而橫向型、開放型的人物更有優勢。

- 任何選舉都有一定的選舉標準，然而，在民主選舉中，一個人是不是符合這種標準，只有轉化為廣大選舉人的心理認可才真正奏效。因而，一個人是否能夠獲選，往往取決於他有沒有突出的政績，或者有沒有突出的成果、建樹，是不是經常在公益事業中積極活躍、廣泛參與，或者是否在為群眾服務、為群眾謀利益的活動中做出成績。這些方面往往顯得更為重要，更容易被群眾所發現和接受。

- 一個人的人格魅力、精神風貌、生活作風、群眾關係以至於言行舉止等等，往往是影響選民心理、獲得選民印象分的重要因素。

- 在某些領域的選舉中，比如在一些社團組織的選舉中，或某些公司、企業的競選活動中，能不能拿得出具有真知灼見、實際可行、針對性強，並為廣大群眾所喜愛、所接受的施政綱領是十分關鍵的環節。因而，被選舉者應當了解廣大選民的利益、願望、需求和意向，使自己的見解和綱領充分代表民意。同時應當注意，使代表群眾的現實利益和長遠利益相結合，迎合民意和引導、啟發民意相結合。

（3）毛遂自薦法

它是指國家某機關或社會組織的職位空缺或新增職位時，下級根據自己的能力主動「毛遂自薦」而獲得晉升的一種方法。

這種方法必須是在職位空缺時才有機會，而且還要經過有關專家對自薦者的知識、經驗、能力進行全面考核，核實自薦者確能適合新職位時才

得以實現。因此，一方面下級要善於蒐集訊息、掌握機會，勇敢地、及時地推銷自己。另一方面，下級還要在實踐中不斷豐富自己的知識，累積經驗，提高自己的實際工作能力和管理能力，否則，即使抓住了時機僥倖晉升，但終因能力不濟，也難以成功。

毛遂自薦法是一種積極有效的方法。它為大批有志之士獲得成功提供了有效途徑。

（4）應徵錄用

透過實行公開應徵招徠人才，這種做法由於具有公開性，可以廣泛篩選，並且有比較明確的責任和權利義務關係，因此是很有生命力的。這種做法已經越來越普遍，國家機關也透過實行對工作人員的應徵來招徠人才。

應徵錄用制度是一種把責、權、利結合起來，並且加以明確規定的做法。透過應徵而獲得錄用和晉升的機會對於追求晉升者來說，是很有吸引力的。因為，它比較好地展現了公平競爭的原則，避免了繁瑣的手續，排除了複雜的關係，基本排除了主管個人的愛好、偏見，沒有盲目的依賴性。但是這種做法也有很大的侷限性：

往往受到應徵部門在學歷、經歷、年齡等方面的限制。有些人明明有實際能力，但是由於學歷不夠就沒有應徵資格；也有些人基礎素養良好，但是由於沒有從事該項工作的專門經歷，也不在應徵之列。

同時，由於權利義務關係裡規定了一定的時間限制，在此期間不能夠中止合約，因此應徵者應該慎重考慮、審時度勢，不能因只顧一處應徵而失落了其他機遇。

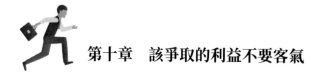
(5) 他薦晉升法

他薦晉升法往往是針對特殊情況而言的。比如，某項工作、某個職務或某個崗位缺乏某一方面的特殊人才，而在選拔和選舉的範圍內一時難以發現這樣的人才，在這種情況下，使用他人推薦常常十分奏效。

被推薦者，應該具備有針對性的特殊專長。但是，在考查時，除了該項專長外，也要考查綜合條件和基本素養。

任何下級的晉升最終都要經過上級或上級機關審查任命而實現的。雖然上級對下級是以其實績和能力進行裁決的，但個人情感的因素也十分重要。就如同你在商店準備買臺液晶電視，面對眾多可供選擇的品牌你猶豫不決。如果這時你碰巧遇到你的一個可信賴的朋友，他說某某牌子液晶電視品質耐用，樣式新穎別緻，價廉物美，他買的就是這個牌子的液晶電視。你經過他的推薦，最後決定買這個牌子的液晶電視，這就是一個例證。

要透過他薦而獲得晉升成功的下級，首先要有自知之明，要認真分析自己的能力以及能否具有擔任高一級職位的能力。其次，要主動出擊，尋找他薦人，最好是選擇對你的晉升將發揮重大影響的決策人或與決策人有密切關係的上級作為你的引薦人。三要以自己卓越的才華、出色的成績和良好的人際關係贏得上級的賞識和信賴。

(6) 考試晉升法

考試晉升法是選擇人才、提拔人才的重要方法，也是下級主動獲得晉升與成功的一條重要途徑和方法。這種方法被國內外實踐證明是一種行之有效的方法，而且隨著公務員制在我國的逐步實行，考試晉升越來越重要。

考試的形式主要有筆試和麵試兩種。

- **筆試**：主要用於考查應試者的知識水準、理論水準、寫作能力和思維能力等。筆試具有三大優點：一是經濟性。可以在同一時間對大批人員在不同地點進行考試；二是客觀性。主考人與報考者不直接接觸，試卷有客觀標準；三是廣博性。一張試卷可以出多學科的不同類型的題目。但筆試最大的不足是不易考查應試者的實際工作能力。這只有綜合地去運用其他考試手段來彌補。

- **面試**：是透過考試人員與應試者直接見面或者置考生於某種特定情景中進行觀察，因而完成對其在素養能力等方面的評價的一種考試方法。主要考查應試者是否具備擬任職位所需要的實際才能和某些素養。這是筆試所不容易達到的。面試的突出優點在於：可以彌補筆試內容的不足，易於觀察應試者的口頭表達能力、交往能力、應變能力、舉止儀表、氣質等，但是評分時易受主考人員的主觀印象的影響。因此，面試的設計應科學合理，並有標準答案，主考人員應受過專門訓練。面試過程中，應為報考人創造相同的環境和氣氛，面試時間要控制適中，努力保證整個面試的一致性和客觀性。

晉升的技巧與戒律

晉升的機會來了，在你躍躍欲試之前，有必要知道一些成功晉升的技巧與失敗晉升的誤區。

▌ 晉升的方法

晉升方法林林總總，非常之多，其主要常用的有效方法如下：

（1）敲山震虎法

最典型的辦法是「敲山震虎」法，拿一張其他公司的聘書來跟你的

第十章　該爭取的利益不要客氣

老闆攤牌：「不讓我晉升我就走」。如果公司真的需要你，就不得不考慮重用你。不過，在使出這一招殺手鐧的時候，你可得有十足的心理準備，騎虎難下時，你可能真的隨時得走。敲山震虎、挾外自重常是很有效的方法，可也是很危險的牌。

你必須很清楚自己手上有什麼，知道上司要什麼才行。須知，稍一不慎反而要吃大虧。此外，你跟上司攤牌的方式也大有講究。如果你當真拿著外面的聘書，大搖大擺地走進老闆辦公室，朝桌上一扔，直截了當地說：「你不給我加薪，我就走」。十之八九，你就只有走人一條途徑了。上司是不會輕易接受這種威脅的，你必定要按照一套比較客觀的升遷和加薪的方法來行事。你如果要打你自己的牌，非得採取比較婉轉適宜的方法不可。

（2）借梯上樓法

一個人在事業上要想獲得晉升，除了靠自己的努力奮鬥外，有時還要借助他人的力量才能扶搖直上。一般來說，無論引薦者的名望大小，地位高低，只要對你的成功有所幫助，他就是你登上高處的好榜樣，他的威信和影響對你都有用處。

（3）鳳尾雞頭法

在職位上，有「鳳尾」和「雞頭」之說。有些人寧可當鳳尾，不做雞頭；有些人寧做雞頭，不當鳳尾。一般來說，一個人在原本部門被提拔到主管職位，其難度是比較大的。但是，想進入決策機構，不一定非得在原本部門實現自己的願望。你可以在適當的時機，向領導者提出到基層單位做一個「雞頭」。（先抑後揚法，這種方法是在晉升前先放下身分和架子，甚至讓別人看低自己，然後尋找機會全面地展示自己的才華，讓別人一次又一次地對自己刮目相看，使自己的形象慢慢變得高大起來。

▍失敗晉升的戒律

我們倡導的晉升競爭，並不是一種盲目的角逐。應該承認，沒有哪一個人在晉升競爭中有百分之百成功的把握。如果有的話，該競爭就不能稱之為競爭了。

我們有必要學會規避下列情況下的競爭，這有助於我們保存實力，不作無謂的角逐。

(1) 戒過早捲入晉升競爭之中

下屬在晉升競爭中，要適當克制自己的慾望，不要過分衝動地把自己的急切之情溢於言表，也不要過早地捲入這種競爭之中，否則將給自己的工作帶來不利。

首先，過早地捲入晉升之爭，容易成為眾矢之的。

有句俗話說：槍打出頭鳥，說的也就是這個道理。因為，在這種情況下，人們往往總是希望自己的對立面越少越好，自己的競爭對手越少越好。所以，誰要是先出頭，無疑會首先遭到攻擊，這是必然的。其實，我們不妨看看所有的競爭過程，實際都存在一個比較普遍的規律：淘汰制。也就是說，它是透過不斷淘汰來實現的。而這種淘汰又往往是以某種不太公平的方式進行的。它不像在體育比賽中那樣有一定的分組。而且，即使有一定的名額分配，那也還有一個機遇的問題。在掌握不住的情況下如果晚點進行這個程式，觀察得更仔細一些，往往成功的可能性也就越大。

其次，過早地捲入晉升之爭，會在競爭中處於不利的被動境地。

如果你過早地捲入晉升之爭，就會過早地暴露了自己的實力，也同時顯出了自己的缺陷，以至於在競爭中往往處於不利的被動境地。在一般的情況下，人們在競爭初期總是十分謹慎地保護自己，做到盡可能地不露聲色。這樣，便可以使自己較好地避免在競爭中受到別人及對手的「攻

第十章　該爭取的利益不要客氣

擊」。正如兵書上所說的那樣，自己在明處、對手在暗處，此為大忌也。相反，盡可能地忍讓、克制自己的慾望和衝動，便可以造成後發制人的作用，可以在知己知彼的情況下，獲得競爭中的主動權。

再者，過早地捲入晉升之爭，會使自己的行為陷入被動。

如果你過早地捲入晉升之爭，就不容易了解整個競爭情況，使自己後面的行為陷入被動，這種情況常常出現在根據自己的了解和判斷，覺得自己的條件在各方面與其他競爭對手比較，有取勝的可能，於是，便當仁不讓地衝上前去。其實，我們很可能並不真正了解所有競爭對手的情況。俗話說：「真人不露相」，說不定在你身邊就的確有高人呢。如果這樣，你的判斷只會使你陷於不利的境地。聰明的人在這種競爭中總是會首先仔細地反覆考察，對比自己與對手的優勢和劣勢，經過反覆權衡之後，決定自己該如何辦。可在一開始，別人常常並不會表現得十分充分，這樣，你在一種訊息不充分的情況下做出的判斷就不能不帶有相當的片面性，這樣也潛伏著危機。冷靜的態度常常可以使我們做出一些比較客觀的判斷。而一旦發現自己在某次競爭中並不能有把握取勝，或者乾脆不可能取勝，那當然可以暫時地瀟灑一回了。

（2）戒揚短避長進行職位競爭

如果你透過競爭得到的職位並不符合你的專長，你在這個職位上，很可能會無法發揮自己的一技之長，這種得不償失的晉升是值得認真考慮的。

如果這種晉升機會對你來說不是揚長避短，而是揚短避長，那麼實際上你會失去今後更多的機會，同時也會使自己已有的才華和能力逐漸退化。

在自己所不熟悉、不適應的崗位上和環境中工作，在自己不擅長的業務上暴露了自己的短處，而埋沒了自己的長項，對這種情況就需要加以慎重考慮。

（3）戒與強硬後臺者競爭

由於人事迴避制度的建立，直接把自己的親屬、兒女、子弟安插在自己身邊做事的現象現在已不多了，可是，上層大人物硬派來的、方方面面關係以交換的形式交叉安排人的現象還時有發生。作為一般的裙帶關係，他們要的僅僅是一個位置或一個飯碗，倒也不必大驚小怪。可是，有一些強硬的裙帶關係，他們不僅要占一個位置，要端一個飯碗，還要搶先提拔，搶先提高各種待遇，使別人奮鬥幾年甚至十幾年的成果毀於一旦。遇到這樣的情況，我們應當提醒主管注意影響，並號召其他人加以抵制，使他們的欲望有所收斂。但是，如果你的主管為照顧關係，尤其是還想利用這種關係來鞏固自己的地位，而你目前的力量還抵制不了這種不良現象，你就得暫時先避開他們。

有時，一些主管新到一個部門任職後，為了順利地實施自己的一些工作方略，常常把自己原來比較得力的老部下調到身邊來擔任一些重要事務。這類事，雖然算不上是什麼裙帶關係，但是，這些具有「老關係」的人被主管信任的程度是大大高於我們的。而且由於他們熟悉主管的工作方法和特點，在競爭實力上自然是占有優勢的。在這種情況下，我們採取適當迴避的方法則是上策。

（4）戒在輕浮的主管面前與風騷的異性競爭

在我國，雖然傳統文化的積澱厚重，可能是由於「愛美之心人皆有之」的本性使然，在選拔政府官員或企業管理人員時，領導者總是優先選擇那些具有漂亮容貌的人。所謂目測、面試，便有以貌取人之意。一些瀟灑漂亮的男女青年，總是比那些容貌一般的同齡人更有被優先錄取的機會，這已經是為大家所普遍了解的事實。如果有人以此為本錢，作為討好

異性主管和貶低同事的一個條件，那麼，這方面的有利條件就有可能把人引向人格的反面。當然，並不可否認，透過這種渠道也可能在仕途上取得「重大」的成功。因此不得不提醒那些仁人君子，當一些人運用「性」的魅力進行反面競爭時，必須給予提防。如果你的主管是個風流人物，對異性的誘惑來之不拒，而你既不想、又不能在這一方面與他（她）們一比高低的情況下，倒不如乾脆退出競爭，及早讓步。如果你的身邊有漂亮的異性同事，並且和你形成了實際上的工作競爭關係，你不妨考察一下他（她）們的品格。如果他（她）們是正派人，當然可以相處下去；如果他（她）們想運用異性的力量與你展開激烈的競爭，你還是早一點避開為好。

職場五大笨

　　眼看你的同事升官的升官，加薪的加薪，你卻原地不動，這是怎麼回事？也許你因此而百思不得其解，甚至怨聲不絕。出現這種情況，你有沒有想過從自身來尋找原因？當然，這種情況落在你的頭上，不一定是你的能力不足，而有可能是你的人際關係不夠好。如果你的人際關係不好就會阻礙你在職場上的晉升，這是殘酷的事實。為了以後的發展，請你細心閱讀下面的幾點，這些可能是你停滯不前的原因：

▌覺得把分內工作做好就夠了

　　工作能力、效率、可信賴的程度，甚至你的學歷，都不會是單一指標，也不會是最重要的。無論你是老師、護士、會計或祕書，工作環境本身是由人組成的，那麼各人就會有各人關心的事務與優先順序。學習如何調節與上司或同事之間的重心，這就是所謂的辦公室政治。

▎ 不理會謠言

謠言是公司的生命力，很多事情的跡象是從那裡開始，是山雨欲來前的風向指標，即使謠言的很多細節都不對，但是無風不起浪，你可以推測出些端倪。比如說，有人看到最近你們公司的競爭對手與總經理開會（一個人說不算，至少等到有三個人都知道這件事再說，如果你急著傳話，別人知道這些消息是你傳出去的，下次你就不會聽到任何消息了）。雖然，你並不喜歡搬弄是非，然而有時你也得說些小道消息，一副沒有興趣的表情會讓人以後對你敬而遠之。大原則就是，你有興趣聽，但不要讓大家都公推你是「廣播電臺」。

▎ 認為同事可以是患難知己

幾個月下來，小玲對你的家務事清清楚楚，她聽到你媽媽在電話上嘮叨，知道你叫朋友的暱稱，再加上你們形影不離（上班時間），吃中飯時通常是你傾吐心事的時候。這一切讓你感覺能交到這麼貼心的朋友真好。但是如果三個月後，你升官加薪，而小玲沒有，更巧的是，你成為她的上司。這時，你想，身為你的最好朋友，她應該會替你感到高興吧，希望如此。但是，權力與金錢常常會改變許多人的想法，尤其是關係到個人的前途。如果小玲不再是你的朋友，你這時可能會開始擔心你以前透露的所有祕密。

▎ 輕視你的對手

大部分人認為朋友給我們最大支持，對手企圖傷害我們，因而不去理會他。事實上，不理會你的對手是做不到的，你的對手恨不得你馬上垮掉，因而他們總想抓到你的「小辮子」，你一出錯，他們馬上指責，不會保留，他們攻擊你最脆弱的地方以致一敗塗地。所以正視對手著眼處，會讓你可重新修補盔甲，彌補缺點，下次他們再來，你已經氣定神閒，準備好了。

第十章　該爭取的利益不要客氣

▍常常很露骨地拍上司馬屁

　　有些上司希望聽到所有角度的訊息，但是大部分的上司卻不會，他們也是普通人，也就是說，他們寧可聽到好消息而不是壞消息。其實，這就是阿諛奉承，拍馬屁，只是有技巧與心意的區別：經理您今天看起來好年輕。這種話討好痕跡是很明顯的，上司不是笨蛋，你昧著良心的話他也聽得出來，這會讓他在心底深處瞧不起你。正確的方式是：你要找出他真正讓你佩服之處，然後適時讚美，就像你的父母誇獎你房間很乾淨，當你考滿分時學校老師誇獎你一樣。「經理，你昨天的處理方式真好，讓我們能夠把任務順利進行，多虧有你出馬。」

第十一章　外圓內方進退自如

第十一章　外圓內方進退自如

孫子說：「混混沌沌形圓，而不可敗也。」

人際交往中也存在著「形」的問題，運用「形圓」的心術，關鍵要懂得「形」的作用，外圓而內方。圓，是為了減少阻力，是方法，是立世之本，是實質。

船體，為什麼不是方形而總是圓弧形的呢？那是為了減少阻力，更快地駛向彼岸。人生像大海，人際交往中處處有風險，時時有阻力。我們是與所有的阻力較量，拚個你死我活，還是積極地排除萬難，去爭取最後的勝利？

生活是這樣告訴我們的：事事計較、處處摩擦者，哪怕壯志凌雲，聰明絕頂，如果不懂「形圓」，缺乏駕馭感情的意志，往往會碰得焦頭爛額，一敗塗地。

威名赫赫的蜀國名將關羽，就是一個典型的例子。

若說關羽的武功蓋世超群，沒有人會質疑。「溫酒斬華雄」、「過五關斬六將」、「單刀赴會」等等，都是他的英雄寫照。但他最終卻敗在一個被其視為「孺子」的吳國將領之手。究其原因，是他不懂心術，不懂「形圓」。他雖有萬夫不當之勇，但為人心胸狹窄，不識大體。除了劉備、張飛等極個別的好兄弟之外，其他人都不放在眼裡。他一開始就排斥諸葛亮，是劉備把他說服；繼而排斥黃忠；後來又和部下糜芳、傅士仁不和。他最大的錯誤是和自己國家的盟友東吳鬧翻，破壞了蜀國「北拒曹操，東和孫權」的基本國策。在與東吳的多次外交鬥爭中，憑著一身虎膽、好馬快刀，從不把東吳人包括孫權放在眼裡，不但公開提出荊州應為蜀國所有，還對孫權等人進行人格汙辱，稱其子為「犬子」，使吳蜀關係不斷激化，最後，東吳一個偷襲，使關羽地失人亡。

《菜根譚》中說：「建功立業者，多虛圓之士」。意思是建大功立大業的人，大多都是能謙虛圓活的人。

北宋名相富弼年輕時，曾遇到過這樣一件事，有人告訴他：「某某罵你。」富弼說：「恐怕是罵別人吧。」這人又說：「叫著你的名字罵的，怎麼是罵別人呢？」富弼說：「恐怕是罵與我同名字的人。」後來，那位罵他的人，聽到此事後，自己慚愧得不得了。明明被人罵卻認為與自己毫無關係，並使對手自動「投降」，這可說是「形圓」之極致了。富弼後來能當上宰相，恐怕與他這種高超的「形圓」處世藝術很有關係。但富弼又絕不是那種是非不分，明哲保身的人，他出使契丹時，不畏威逼，拒絕割地的要求。在任樞密副使時，與范仲淹等大臣極力主張改革朝政，因此遭謗，一度被摘去了「烏紗帽」。

在現代職場當中，每個人都會面臨許多上級、下級以及同事之間的衝突，如何處理呢？

富弼為我們樹立了一個很好的榜樣，就是做人既要外形「圓活」，心胸豁達，與人為善；又要內心「方正」，堅持原則，維護自己的獨立人格。

以不爭為爭

中國的大智者老子說：「夫唯不爭，故天下莫能與之爭。」這句話的意思是，正因為不與人相爭，所以遍天下沒人能與他相爭。

可惜的是，真正能醒悟和運用這句話的人很少。在名利權位面前，人們忘乎所以，一個個像好鬥的烏眼雞似的，恨不得你吃了我，我吃了你。到頭來，這些爭得你死我活的人，大都落得個遍體鱗傷、兩手空空，有些甚至身敗名裂、命赴黃泉。

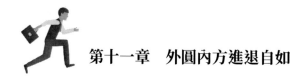

第十一章　外圓內方進退自如

　　某部門部長退休在即，圍繞這個即將空出的部長「寶座」，部門裡鬥得烏煙瘴氣。資歷老一點的以資歷為賣點，學歷高一點的以學歷為驕傲……各自表功，又互拆臺面。部門裡一時雞飛狗跳，一片狼藉。最後，公司任命沒有參與這場爭鬥的老王為代理部長，半年後，老王正式成為部長。此事似乎在大家的意料之外，細細推敲，卻是情理之中。

　　三國時的曹操，很注重接班人的選擇。長子曹丕雖為太子，但次子曹植更有才華，文名滿天下，很受曹操器重。於是曹操產生了換太子的念頭。

　　曹丕得知消息後十分恐慌，忙向他的貼身大臣賈詡討教。賈詡說：「願您有德性和度量，像個寒士一樣做事，兢兢業業不要違背做兒子的禮數，這樣就可以了。」曹丕深以為然。

　　一次曹操親征，曹植又在高聲朗誦自己作的歌功頌德的文章來討父親歡心，並顯示自己的才能。而曹丕卻伏地而泣，跪拜不起，一句話也說不出。曹操問他什麼原因，曹丕便哽咽著說：「父王年事已高，還要掛帥親征，身為兒子心裡又擔憂又難過，所以說不出話來。」

　　一言既出，滿朝肅然，都為太子如此仁孝而感動。相反，大家倒覺得曹植只曉得為自己揚名，未免華而不實，有悖人子孝道，身為一國之君恐怕難以勝任。畢竟寫文章不能代替道德和治國才能吧，結果還是「按既定方針辦」，太子還是原來的太子。曹操死後，曹丕順理成章地登上魏國皇帝的寶位。

　　其實剛開始時，曹丕是極不甘心自己的太子之位被弟弟奪走的，他想拚死一爭，卻又明知自己的才華遠在曹植之下，勝數極微。一時竟束手無策。但他畢竟是個聰明人，經賈詡的點化，腦瓜頓時開竅：爭是不爭，不爭是爭。與其爭不贏，不如不爭，我只需恪守太子的本分，讓對方一個人

盡情去表演吧，公道自在人心！最後，這場兄弟奪嫡之爭，以不爭者勝而告終。

曹丕以不爭而保住太子之位，而東漢的馮異則以不爭而被封侯。

西漢末年，馮異全力輔佐劉秀打天下。一次，劉秀被河北五郎圍困時，不少人背離他去，馮異卻更加恭事劉秀，寧肯自己餓肚子，也要把找來的豆粥、麥飯進獻給饑困之中的劉秀。河北之亂平定後，劉秀對部下論功行賞，眾將紛紛邀功請賞，馮異卻獨自坐在大樹底下，隻字不提饑中進貢食物之事，也不報請殺敵之功。人們見他謙遜禮讓，就給他起了個「大樹將軍」的綽號。爾後，馮異又屢立赫赫戰功，但凡議功論賞，他都退居廷外，不讓劉秀為難。

西元 26 年，馮異大敗赤眉軍，殲敵 8 萬人，使對方主力喪失殆盡，劉秀馳傳璽書，要論功行賞，「以答大勳」，馮異沒有因此居功自傲，反而馬不停蹄地進軍關中，討平陳倉、箕谷等地亂事。嫉妒他的人誣告他，劉秀不為所惑，反而將他提升為征西大將軍，領北地太守，封陽夏侯，並在馮異班師回朝時，當著公卿大臣的面，賜他以珠寶錢財，又講述當年豆粥、麥飯之恩。令那些為與馮異爭功而進讒言者，羞愧得無地自容。

再講個有關老百姓的故事。古時江南有一個大家族，老爺子年輕時是個風流浪子，養了一大群妻妾，生下一大堆兒子。眼看自己一天比一天老了，他心想：這麼大一個家總得交給一個兒子來管吧。可是，管家的鑰匙只有一把，兒子卻有一大群。於是，兒子們鬥得你死我活，不亦樂乎。這時，只有一個兒子默默地站在一邊，只幫老爺子做事，從不參與爭鬥。爭來鬥去，老爺子終於想明白了，這把鑰匙交給這群爭吵的兒子中的任何一個，他都會管不好。最後，老爺子將鑰匙交給了不爭的那個兒子。

在我們這個物質豐富的社會裡，爭名奪利的事情每天都在發生，有人

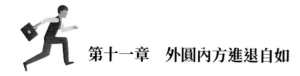

為的圈套，也有自然的陷阱，它們如同一個巨大的漩渦，把無數人都捲了進去。

對此，最聰明的做法是，迅速遠離它！

因為，在橫渡江河時，只有遠離漩渦的人，才會最先登上彼岸。

屈一伸萬

夫屈一人之下，必伸萬人之上。

心甘情願，忠心耿耿地居於一人之下，叫做「屈一」；手握大權，足以號令天下，稱為「伸萬」。

在一人之下萬人之上的高位，是許多人夢寐以求的美事。但是，位置只有一個，於是便有種種爭權奪位的激烈場景演出，或以喜劇收場，或以悲劇告終。

周公是歷史上著名的政治家，他是周朝開國君主文王的第四個兒子，周武王的弟弟。周公曾輔佐周武王，在消滅商朝中立下赫赫戰功。武王死後，成王姬誦即位。周公受武王遺命輔佐成王。周公的親兄弟管叔、蔡叔和霍叔對周公攝政不滿，勾結商紂王之子武庚起兵叛亂。周公毅然親自領兵東征，誅殺了武庚和管叔，流放蔡叔，又經過三年征戰，平定了東方諸國的叛亂。

周公將在戰爭中俘獲的商朝貴族（稱為「殷頑」）集中到洛邑，為他們修築新城，取名為「成周」，並在成周西三十多里處另築「王城」，派兵監視殷頑民，武王生前對周公以出路、分化瓦解殷頑的策略十分讚賞。與此同時，周公寫了〈君奭〉，表明自己攝政是忠實於周王室，不是為了給子孫後代牟取私利。他還寫了〈無逸〉，告誡周成王要勤於政務，不要過度遊樂。並寫了〈多士〉，警告殷頑民不要輕易妄動，只要順從周王朝

就給予出路。他還制禮作樂，為周王朝建立了各種典章制度。

周公輔佐成王七年，政績卓著，功成後便將權力歸還給了成王，這一舉動令朝野嘆服不已。他死後，成王敬重他克己奉公，鞠躬盡瘁，高風亮節，功成不居，將他厚葬在周文王的墓地，並說：「我不敢以周公為臣。」

然而，屈一伸萬在本質上是不同於拉大旗作虎皮、挾天子以令諸侯的。挾天子以令諸侯，很有仗勢欺人的味道，本無聲威，以借來的甚至竊取的聲威來壯聲勢，並以強力相脅迫，讓人聯想到欺世盜名，圖謀不軌。屈一伸萬是很富有奉獻精神色彩的：心甘情願服從於最高權力者，一心一意為最高權力者服務，絕對沒有篡位稱王的邪念；雖然手中大權在握，絕不濫施淫威，以克己奉公為己任，以德行贏得天下人的敬重。

因此，古往今來，樂於屈一伸萬者，能有幾人？

現實生活中，也有這樣的人，身居副職，卻總對「副」字不感興趣，甚至當別人稱其為「副××」都滿臉的不高興。這些人雖大多是虛榮心作怪，然而物極必反，當這種心態極度膨脹時，就容易演變成野心。倘若遇上個心明眼亮、手段了得的「主子」，那他的處境就危險了，說不定哪天從高處被踹下來，連「副」字也保不住了。

不要比太陽更亮

西方有句諺語：儘管星星都有光明，卻不敢比太陽更亮。

被別人比下去是很令人惱火的事情，所以要是你的上司被你超過，這對你來說不僅是蠢事，甚至產生致命的後果。要明白一個道理，自以為優越總是討人嫌的，也特別容易招惹上司和君王的嫉恨。大多數人對於在運氣、性格和氣質方面被超過並不太介意，但是卻沒有一個人（尤其是領導者）喜歡在智力上被人超過。因為智力是人格特徵之王，冒犯了它無異犯

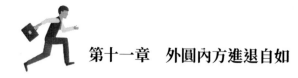

第十一章　外圓內方進退自如

下了彌天大罪。當主管的總是要顯示出在一切重大的事情上都比其他人高明。君王喜歡有人輔佐，卻不喜歡被人超過。

歷史上的薛道衡、楊修的悲慘下場便是最好的例證。

隋煬帝楊廣，雖是個弑父殺兄、驕奢淫逸的暴君，卻又能寫得一手好文章和詩歌，而且他頗為自負，認為自己是當朝第一詩人。有一次，司隸薛道衡寫了一首〈昔昔鹽〉的五言詩，被朝野一致稱讚，尤其是詩中的「暗牖懸蛛網，空梁落燕泥」一聯，更是得到極高的評價，而被廣為傳頌。隋煬帝聞知後，頓時妒火沖天，後來便抓住薛道衡的一點過失，將其殺害了。事後，楊廣還惡狠狠地說：「看你還能作『空梁落燕泥』嗎？」

三國時期，曹操的謀士楊修是個聰明絕頂的人。有一年，工匠們為曹操建造相府大門，當門框做好後，正準備做門頂的椽子時，恰好這時曹操走出來觀看，看完後在門框上寫了一個「活」字，便默默無語地走了。楊修見門框上的題字後，即刻叫工匠們拆掉重做，並說：「你們知道嗎？丞相題在門框上的『活』字，意思是『門』中有『活』為『闊』字，就是指門做大了叫你們重做，懂嗎？」

有一天，有人給曹操一杯奶酪，曹操喝了幾口，便在杯蓋上寫了一個「合」字，然後遞給一位文臣，文臣看了不解其意，眾人相互傳看也不明白是什麼意思。當杯子傳到楊修手裡，他便喝了一口奶酪，然後說：「諸位，這『合』字即是『人一口』，丞相是叫我們每人喝一口呀！」

又有一次，曹操由楊修陪同出外遊覽，途經一處，看見一塊烈女曹娥墓碑，碑的背面刻有八個字「黃絹幼婦，外孫齏臼」。曹操問楊修：「楊主簿（負責文書的官），你懂這八個字的含義嗎？」楊修很自信地回答說：「丞相，在下懂得，這……」曹操未等楊修說明，便打斷他的話頭說：「楊主簿別急嘛！待老夫想想。」接著他們離開墓碑，大約走到離碑 30 里

處，曹操這時才說：「老夫已明白墓碑背面那八個字的意思了。」並叫楊修轉過身去，兩人分別記下自己所理解的意思，然後一比對，兩人意思果然一樣。於是曹操感嘆地說：「老夫的才智與楊主簿相差 30 里呀！」他們對「黃絹幼婦，外孫齏臼」這八字所解的意思是：黃絹，色絲，「絲」、「色」拼在一起即是「絕」字；幼婦就是少女，「少」、『『女」拼在一起即是「妙」字；外孫是女兒的子女，「女」、「子」拼在一起即是「好」字；齏臼是用來盛五種辛辣調味的器皿，這是「受辛」，即是「辤」（辭）字。因此，這八個字的含義便是「絕妙好辭」。

建安 24 年，曹操與劉備爭奪漢中，屢遭失敗。曹軍不知是進還是退，曹操便以「雞肋」二字為夜間口令，將士們都不解其意，只有楊修明白：「雞肋就是雞肋間的肉，吃起來沒什麼味道，丟掉了又覺得可惜。丞相的意思是叫撤兵回去。」他便私下告訴大家收拾行裝，諸將也隨之準備撤兵。沒多久，曹操果然下令撤軍了，當曹操知道是楊修把機密先告訴大家的時，便以「泄漏機密，私通諸侯」的罪名，將楊修殺掉了。

明代作家馮夢龍在《智囊》列舉了這個故事，然後評道：「楊修聰明才智太顯露了，所以引起曹操的嫉恨，這樣他還能免於災禍嗎？晉代和南朝的皇帝人多數喜歡與人臣們賽詩比字爭高低，大家都記取了楊修遭殺害的教訓，所以大文學家鮑照故意寫些文句囉嗦拖沓的文章，書法家王僧虔用拙劣的書法搪塞，這都是為了避免君主的殺害。」

這段話的意思很明白，就是機智聰明的人不要處處在上司面前露出「比上司強、比上司先懂得什麼」的樣子，否則將遭嫉恨而招致禍害。

當然，在現代文明社會裡，像楊廣、曹操那樣草菅人命的暴君已不復存在，但剛愎自用、妒賢嫉能的人卻大有人在。面對這樣的上司，你如果鋒芒畢露，逞強顯能，顯得比他高明的樣子，那麼必然會遭到他的嫉恨，

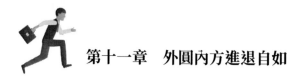

第十一章　外圓內方進退自如

輕者會對你暗中使壞，重者會叫你走人，到那時你將後悔莫及。

　　一位在一家美國公司駐香港分公司做公關經理的女士，她在商場上有很高的聲譽，但卻因一件小事而被迫辭職，事情是這樣的：美國總公司的幾位最高領導者決定在港舉行宴會。除了香港公司的總經理及一些要員外，當然少不了美國總部的要員，再加上一向合作無間的大客戶，宴會是非常的盛大。

　　身為香港分公司公關經理的她樂於以女強人自居。在任何一方面，她屬下的公關部都做得非常出色，這也是她愈益引以為自豪的。不知是否勝利沖昏頭腦，她在一些宴會中，鋒頭有時竟凌駕於總經理之上。總經理是一位好好先生，在不損及自己利益的情況下，每每讓她發言。總公司與分公司聯合宴會的機會極少，她還是頭一次經歷。由籌備宴會開始，她抱著很謹慎的態度，務求取得總公司主管的讚許。

　　宴會當晚，她周旋於賓客間，確令現場氣氛甚為歡樂。直至分別由總公司的高層主管及分公司的總經理致謝辭時，她在旁逐一介紹他們出場。輪到她的上司，即分公司總經理，她不知怎麼在介紹之前，竟先說了一番致謝辭，感謝在場客戶一直以來的支持。雖然三言兩語，已讓總公司的主管皺眉，因為她當時負責的，只是介紹上司出場，而非獨立發言。

　　在宴會進行的過程中，總公司主管曾與她交談，發現她提及公司的事時，每以個人主見發表，全不提及總經理的旨意。給人的感覺是，她才是分公司的最高主管。結果，分公司總經理被上級邀請開會，研究他是否堅守自己的職位，而非疏懶至由於公關經理代為處理日常業務。她終於自動辭職，原因是她認為被總經理削權，卻不知道自己的鋒芒太露、暗賓奪主。

　　身為下屬，你的任務主要是協助上司，在部門最高層人物的眼中，你部門做出的成績，自然也是公司主管帶領下的結果。下屬盡力完成上司指

派的工作是分內之事，假如你硬要出來爭取風光，只會讓人覺得你不自量力、不懂大體。另一方面，如果你鋒芒過露，表現出爭功的態勢，上司會從心理上感到壓抑、煩躁，在感情上會很反感。你自己就會變成上司的隱患，即使不會陷害你，你以後也別想更大的發展了。而像前面所提的公關經理那樣，因為她過於越位表現，導致總部懷疑她上司是否失職，那麼她的上司再是好好先生，也會採取行動保全自己。

莫捲入派別鬥爭

有衝突是正常的，但衝突長期得不到解決而表現為一種派別之爭，則是不正常的。有些人從這種派別衝突中，似乎看到了希望、看到了機遇、看到了竅門，便一下子陷了進去，其實這不會有好結果的。當然也有些人開始時是保持中立或者是躲著、繞著走，然而由於求官心切，自覺不自覺地陷入了這種派系衝突當中。對於上進者來說，捲入派別鬥爭實在是犯了大忌。那麼，應該如何應對呢？

其實置身於有衝突、有派別的環境當中並不可怕，關鍵是你要掌握高層次的處世哲學。你的原則應當是：

首先，不能在大是大非趨於明朗的情況下縮手縮腳而完全置身於客觀現實之外，因而喪失機遇；

其次，不要在無為的紛爭當中浪費自己的精力，而且要力爭在兩敗俱傷中使自己不受牽連。

其實，這種高層次的處世哲學本身就是原則性和靈活性的結合，這是任何一個和權力有關聯的人在社會生活中必要的修養。

從以上的分析可以看出，最忌諱的就是為了爭官而主動地、有意識地在派別衝突紛爭中去得利。

第十一章　外圓內方進退自如

在某砲兵部隊，有一名號稱「全團第一」的砲兵連長。他入伍之後軍事技術一直很傑出。在某次軍事演習中，他代替生病的營長指揮射擊，獲得了百發百中的好成績，創造了十幾年來砲兵演習史上射擊成績的最高紀錄，被軍區通令表揚。從此他名聲大振，並被列為主管的提拔對象。可是，就是這樣一個優秀的青年主管，最後卻未能被提拔，原因是，他陷入了團首長之間的衝突漩渦。在研究他的提拔問題時，一方同意一方卻極力反對。鑑於部隊上級的意見不統一，上級機關就把這件事擱置起來。一直到退伍回家，他的提拔問題也未得到解決。

這位砲兵連長可謂德才兼備，但是，他在仕途上確確實實是失敗了。不過，他的這次失敗無論如何也是難以避免的，因為他違背了下屬上進成功的一條法則：在仕途上，部下不能參與上級領導人之間的紛爭。

上司和上司之間，頂頭上司和間接上司之間，上司和下屬之間，有些工作上的衝突是正常現象。如果你在這些衝突中只對一方負責，就未免患了「近視眼」，這是典型的「短期行為」。在古代封建社會，有「一損俱損，一榮俱榮」之說，這種情況如果發生在今天，也是正常的，但是，應注意的是，如果你陷於一種衝突漩渦中不能自拔，不能妥善地、兼顧地去處理各種關係，而是「剃頭的挑子一頭熱」，那麼一旦情況發生了變化，局勢對你就相當不利。

為了不陷入派別之爭，下屬對待上司要密疏有度，一視同仁。做到這點，要求我們在工作上對待任何上司都一樣支持，萬不可因人而異。現實生活中往往有人憑個人感情、好惡、喜怒出發，對某些上司的工作給予積極協助、大力支持，而對另一些上司則袖手旁觀，甚至故意拆臺、出難題，這是萬萬不可的。在職場上要一律服從，下屬服從上司，是一條原則。有些人對一些與自己有衝突分歧和自己不喜歡的上司不理不採，說話

不聽、交事不辦，甚至公開對抗。這樣做是違背原則的，必須加以糾正。對待所有上司在態度上要一致。現實生活中，有些人對主要的上司和與自己相關的上司，態度十分熱情，對於副職或與己無關的上司則十分冷淡。他們這樣做的後果只會對己不利。若不及時糾正後果不堪設想。

對上司的尊重和服從既是有條件的，也是無條件的。有條件的意義在於：不正確的，顯然是錯誤的，甚至和法律政策明顯違背的，你應當去抵制，但是也應當是合理地去抵制。所謂無條件的，就是說下屬對上司的尊重和服從，本身就是體制和制度所決定的，所以即使錯誤，你也應當遵從、執行。而你的意見應當透過其他的渠道正常合理地提出。何況在現實生活當中，有些事情你認為是不正確的，或者你自己不能接受理解的，並不見得就是錯誤的，要靠實踐和時間來加以檢驗。如果你在執行和服從中有了梗塞，那就絕不會取得上司信任。這種事情一旦發生，造成的不好印象和關係障礙是很長時間都難以彌補的。

上司之間常常會出現這樣或那樣的衝突，在這種情況下，當下屬的可就犯難了。有時你和這位上司親密一點，又怕惹惱了另一位上司；你要與另一位上司接觸多一點，又怕得罪這一位，總之，這種狀況使得下屬左右為難。特別是那些在工作中不得不經常與上司打交道的人，更是麻煩。在這種情況下，要保持中立的態度，盡量做到左右逢源，兩邊都不得罪。

一般而言，採取中立的態度是可取的。也就是說，進行一種等距離的工作方式，跟誰都不過分密切。或者說，完全從一種純工作的角度著想，注意不讓其中一個上司認為你是另一個上司的人。

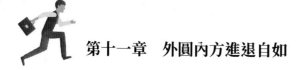
鋒芒該露與不該露

　　一個人若無鋒芒，那就是庸人，所以有鋒芒是好事，是事業成功的基礎，在適當的場合顯露一下既有必要，也是應當的。但鋒芒可以刺傷別人，也會刺傷自己，運用起來應該小心翼翼，平時應插在刀鞘裡。所謂物極必反，過分外露自己的才華容易導致自己的失敗，尤其是做大事業的人，鋒芒畢露既不容易達到事業成功的目的，又容易失去了晉升機會。

　　在職場中存在著這樣一種自視頗高的人，他們銳氣旺盛，鋒芒畢露，處事則不留餘地，待人則咄咄逼人，有十分的才能與智慧，就十二分地表現出來。他們往往有著充沛的精力、很高的熱情，也有一定的才能，但這種人卻往往在人生旅途上屢遭波折。一位大學畢業剛到某局處實習的大學生，剛進部門，就對部門這也看不慣，那也看不順眼，不到一個月，他就呈給部門主管洋洋萬言的意見書，上至部門主管的工作作風與方法，下至部門員工的福利，都一一綜列了現存的問題與弊端，提出了周詳的改進意見。但效果卻適得其反，他被部門的某些掌握實權的主管視為狂妄乃至神經病，部門主管不僅沒有採納他的意見，還藉某些理由將他退回學校再作分配。兩年之內，他以同樣的情況，換了四個部門，而且總是後一個比前一個更不如意，他牢騷更甚，意見更多，卻也無可奈何。

　　那位大學生是鋒芒畢露者的典型，這類人在為人處世方面少了一根筋，以致屢屢在新的人際關係圈子中不能處理好包括上下級關係在內的各種關係，加上在工作上又不注意講究策略與方式，結果不僅妨礙了將個人的才能最大限度地服務於社會，還招來了多種誹謗影射、妒忌猜疑和排擠打擊。隨著時光的流逝，這種人最後沒有因鋒芒畢露而走向成功，卻因屢受挫折而一蹶不振，鋒芒沒了，前程也沒了。

　　鋒芒畢露的結果是沒給自己留一點退路和餘地，把自己暴露在彈火紛飛的壕溝外，容易招致明攻和暗算。

　　鋒芒畢露者不受重用是因為人往往同患難易而共榮華難。在打江山時，各路豪傑匯聚在一個麾下，鋒芒畢露，一個比一個有本事。主子當然需要這批人傑。但天下已定，這些虎將功臣不會江郎才盡，總讓皇帝感到威脅。所以屢屢有開國初期斬殺功臣之事，所謂「飛鳥盡，良弓藏；狡兔死，走狗烹」是也。韓信之被殺，明太祖火燒慶功樓，無不如此。相比之下，宋太祖「杯酒釋兵權」就算是比較仁義的了。

　　這真是一個無法調解的衝突：你不露鋒芒，可能永遠得不到重任；你太露鋒芒，雖容易取得暫時的成功，卻容易招小人暗算。當你施展自己的才華時，也就埋伏下深深的危機。才華是不可不露但更不可畢露的，適可而止吧。很多聰明人在成功時急流勇退，在輝煌時趨向平淡，就是表示自己不想再露鋒芒，免得從高處摔下來。而那些不知進退的人卻很難有好下場，這實在怪不得別人。成功後還要貪戀，還要鋒芒畢露，那就會遭人之忌了。

　　鋒芒畢露者不容易受重用還因為可能會功高蓋主。而功高震主不僅讓上司不高興，會覺得自己的地位受到威脅，而且一有機會，他會把你踹下去。某機關的局長是很平庸的人，除了玩弄權力什麼也不會。他手下的一位處長很有工作能力，業餘時間還堅持寫小說、詩歌，小有名氣。但他不知謙虛，而且時常在局長面前賣弄自己的才華，對局長還一臉瞧不起的樣子。傳聞他有取代局長位置的野心。後來，局長放出話來，說他的作品裡有不少關於「性」的描寫，這說明：第一，他的作品內容不得體，作品不得體當然就是心理不得體，有損於政府機關的形象；第二，如果他沒有那些體驗，怎麼能描寫得那麼細緻？他肯定和別的女性有交往，這就是道德敗壞了，一個道德敗壞的人怎麼能身居主管職位呢？局長終於找了一個

藉口，把處長降職為一個沒實權的科長。

顯然，這位原處長犯了功高震主的忌諱。歷史上有多少人因此而丟官喪命啊！所以，到了一定時候，一定要掩蓋自己的才華，不要給人一種咄咄逼人的感覺。畢竟，誰願意時時生活在別人的光輝裡呢？誰會背後受敵而不及早出手呢？功高蓋主，他畢竟還是上司，掌握著主動權呢！

綜合類似的事例來看待洪應明在《菜根譚》中再三複述的君子不可太露其鋒芒的思想，不難發現其合理之處。「不可太露其鋒芒」，並不是銷蝕鋒芒，而是指人應隱其鋒芒，不要恃才恃權恃財而咄咄逼人，因而使個人更易被注重秩序與習俗的社會所接受，以免身受背後之箭的傷害，招致那些無謂的煩惱與挫折，其實這也是一項強化自己的學識、才能和修養的過程，有利於培養自己處理好各種人際關係的能力與技巧，是放棄個人的虛榮心而踏實地走上人生旅途的表現。

鋒芒畢露者要學會把精明智慧放在心上，須知智慧不是一個戴在臉上的華麗面具，不是老掛在嘴角旁的口頭禪，精明智慧只應展現在踏踏實實的人生進程中。所以，我們在待人接物時，要善於發現別人的長處，尊重別人，不要動輒就口無遮攔地對別人品頭論足、議論別人的美醜賢愚，不要老揪住別人的小過失不放，須知一個人長得醜些、笨些和犯了一些小過失，多半不是他的過錯。如果我們不學會尊重各種各樣的人，就會影響人與人之間的親密關係。同理，平日不可因追求一時的口語之快而作意氣之爭，不可因意氣用事而得理不饒人……總之，學會收斂鋒芒，真誠寬厚地待人，掌握話語儲蓄和行動穩重的技巧。所謂「敏於行而訥於言」，也正是君子「內精明而外渾厚」的多種表現，是不露鋒芒的訣竅。當然，這些表現都應是自然的，容不得偽裝，否則，誰倘若偽裝忠厚的面貌來欺騙別人，總是難瞞有識之士的。

　　有人認為，不露鋒芒就會埋沒自己的才能和才華。其實不然，不露鋒芒者有一種實至而名歸的特色。東晉時，年少的王獻之曾將一個毛筆寫就的「太」字送到母親處炫耀，經一番細看，母親說：「此字僅那一點的功夫才算是到家啦！」獻之聞言，才深感自己在書法功夫與功力方面都尚欠火候，原來那一點正是父親王羲之剛添加在他所寫的「大」字上的。此後，王獻之以父親為榜樣，不慕虛聲浮名，依缸磨墨，刻苦練字，終於成了一名與父親齊名的大書法家。

　　歷史與現實中的那些不露鋒芒者，每每會以喜怒不形於色、少言寡語、平和恬淡的神態和以不譁眾取寵的態度投入生活，做到為人周到，處事練達，因而得到領導者的重用而獲得晉升。在這方面，初涉人世者不妨從多動手、多動腦、多用耳朵聽與多用眼睛看，少用嘴巴說，從避免與人爭強好勝、計長較短做起，因而開始踏實地走上人生的旅程。

不做被槍打的出頭鳥

　　身為下屬，和上司相處一定要有分寸。也許上司某些方面不如你，但你仍得注意：當面說話不要咄咄逼人，不要冷嘲熱諷；私下說話也不要品頭論足，旁敲側擊；更不要讓上司當眾出醜，不能收場。

　　通常在下屬中的某些出類拔萃者或者功高蓋主者，他們有恃無恐，比較容易犯這類毛病；還有一些嬌生慣養、目無尊長的人，他們心浮氣躁，也容易犯這類毛病。但是，如果你恃才傲物或者頂撞上司，當你的行為直接有損上司的形象時，那你就成了一個蔑視上司的人，一旦上司對你心生厭惡，那麼你的處境就不妙了。此類的教訓，古往今來有很多。

　　胡先生是某大公司技術開發部的一個主管，具有相當的專業知識與工作能力，於 2000 年年初被委派籌建一個子公司，擔任經理的職務。

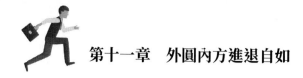

第十一章　外圓內方進退自如

　　胡先生走馬上任後，披星戴月、雷厲風行、不辭勞苦，將籌建公司的大大小小事情在 3 個月內辦妥當。3 個月後，公司正式開始開張。

　　胡先生籌建的公司開張後的最初兩三個月，經營得十分艱難。為了拓展客戶範圍，胡先生親自帶隊，一個一個公司地拜訪，常常今天北京、明天上海地跑，幾乎沒有星期天的概念。3 個月後，公司逐漸營利，而後利潤以每月 20% 遞增。

　　到 2000 年年底，胡先生所負責的公司已經是十分熱門的景象：從業人員從 10 人增加到 60 人，固定資產從最初的 80 萬元發展到 1,000 萬元。

　　隨著胡先生的成功，榮譽接踵而來。胡先生的頂頭上司 —— 技術開發部的部長李先生，在正式或私下場合，總是把胡先生的成功，大包大攬到自己身上，歸功於自己的領導有方。

　　胡先生對李先生的行為深惡痛絕，逢人便講李先生的無德與無能。

　　2001 年 8 月中旬，在一次例行的稅收物價檢查中，上級檢查部門發現胡先生負責的公司有一筆漏稅行為，並通知補稅交款。這件事本來只屬於工作疏忽，性質不算嚴重。但李先生卻死死抓住這一點，小題大作，打報告給總公司高層，力述胡先生嚴重影響了總公司的聲譽，應該引咎辭職。

　　高層雖然憐愛胡先生的才幹，但考慮到子公司的工作均已上正軌，便宣布將胡先生調回技術開發部。

　　頂撞上司是下屬目無上司的一個表現。「人生不如意事常八九」。生活中常會有這樣的情形：工作了一段時間，你發現你的上司很不如你的意，很彆扭。雖說是擇優而仁，可你卻沒有「跳槽」的機會，或因為制度等等方面的原因使你不能「跳槽」，怎麼辦呢？

　　有些人採取的辦法是：向上司「叫板」！但不知這些人想過沒有，如

果過於計較一些小的得失，就可能導致全盤失敗，特別看重眼前利益就可能導致更大的損失。

當你不得不留在一個集體中時，就必須學會忍讓不如意的上司。因為手臂擰不過大腿。

另外，與上司爭功也是下屬目無上司的一種表現。

老子有這樣一句話：「大巧若拙，大辯若訥」。意思是聰明的人，平時卻像個呆子，雖然能言善辯，卻好像不會說話一樣，也就是說人要匿壯顯弱，大智若愚。

生活中嫉賢妒能的上司很多，他們不能容忍下屬超過自己，他們必須保持自己在集體中的權威地位，即使他水準很低，就像武大郎一樣，在武氏的店中是不能有高大身材的夥計的。華君武的漫畫《武大郎開店》，諷刺的就是這樣的上司。

生活中總有這些人，他們對平庸的上司十分不滿，怨天尤人，就是對有才能的上司，他也常感不舒服，反抗心理很重。上司對下屬的獎勵，他會看作是拉攏人心，上司禁止的事情，他偏要做。要創造和諧的與上司之間的關係，就該切記：槍打出頭鳥！

被上司誤解巧澄清

做人難，做別人的部下更難，做幾個人的部下更是難上加難。有時不經意的時候得罪了某位上司，而自己卻渾然不知，等到弄明白是某位上司誤解了你的時候已為時晚矣。

小趙在 5 年前還是基層工廠的一名鉗工。後來工廠公關部門的江科長見小趙文筆不錯，頂著壓力將小趙調進了公關部門。

從此，小趙對江科長的知遇之恩一直牢記在心。2 年後，小趙到廠辦當

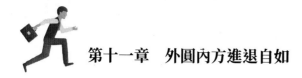

第十一章　外圓內方進退自如

祕書，成了廠辦孫主任的部下，精明的小趙沒多久就得到孫主任的喜歡。

不久，小趙忽然感到江科長和他漸漸疏遠了。一了解，才知道現在的主管孫主任和江科長之間有私人恩怨，因此，江科長懷疑小趙倒向了孫主任那邊。事實上，引發江科長對小趙誤解的「導火線」，很簡單：在一個雨天，小趙幫孫主任撐傘，沒幫江科長撐傘。這還是很久以後江科長親口對小趙說的。

但當時小趙從後面趕上幫孫主任撐傘時，確實沒有看見江科長就在不遠處淋著雨，誤解就此產生了。

生氣之下，江科長在很多場合都說自己看錯了人，說小趙是個忘恩負義的人，誰是他的上級，他就跟誰關係好。小趙其實不是這樣的人，他也渾然不知發生的這一切。直到江科長在人前背後說小趙的那些話到小趙耳朵裡，小趙才感到事情的嚴重性。

對此，小趙自有他的處理原則：

▌讓時間做公證

正所謂「路遙知馬力，日久見人心」，江科長在氣頭上說自己是忘恩負義的人，一定是自己在某一方面做得不好，此時向江科長解釋自己不是那樣的人，江科長必定聽不進去，自己究竟是什麼樣的人，還是讓事實來說話，讓時間來證明吧！

▌遵循解鈴還須繫鈴人的法則

江科長誤解了自己，必須自己向江科長解釋，自己既是「繫鈴人」也是「解鈴人」，要靠自己用心努力去做才行。

有了解決問題的原則，小趙採用了以下六個辦法努力消除江科長對他的誤會：

- **極力掩蓋衝突**：當有人說起江科長和自己關係不好時，小趙總是極力否認沒有這回事，不想讓更多的人知道江科長和自己的衝突。小趙此舉的目的是為了制止事態的擴大，更利於緩和衝突。

- **公開場合注意尊重上司**：江科長和小趙在工作中常常碰面，每次小趙都是主動和江科長打招呼，不論江科長理還是不理，小趙總是帶著微笑。

  有時由於工作需要和江科長同在一桌招待客人，小趙除了向江科長敬酒外，還公開說自己是江科長一手培養的，自己十分感激江科長。小趙此舉的目的是表白自己時刻沒有忘記江科長的恩情。

- **背地場合注重褒揚上司**：小趙深知當面說別人好不如背地褒揚別人效果好。於是，小趙常常在背地裡對別人說起江科長對自己的知遇之恩，自己又是如何得感激江科長。當然，這些都是小趙的心裡話。

  若有人背地裡說江科長的壞話，小趙知道後會盡力為江科長辯護。小趙此舉的目的是想透過別人的嘴替自己表白真心，假如江科長知道了小趙背地裡褒揚自己，肯定會高興的，這樣便利於誤解的消除。

- **緊急情況「救駕」**：平時工作中，小趙若知江科長遇到緊急情況，總會挺身而出及時前去「救駕」。例如，有一次節日貼標語，江科長一時找不著人，小趙知道後，主動承接了貼標語的工作。類似事情，小趙一直是積極地去做。

  小趙此舉的目的是想重新博得江科長的好感，讓江科長認為小趙沒有忘記他，仍是他的部下，有利於江科長心理平衡，消除誤解。

- **找準機會解釋前嫌**：待江科長對自己慢慢有了好感後，小趙利用同江科長一同出差外地開會的機會，與江科長很好地進行交流。江科長最終還是被小趙的誠心打動，表示不計前嫌，要和小趙的關係和好如初。

小趙此舉的目的是利用單獨相處的機會弄清被誤解的原因,同時讓江科長在特定場合裡更樂意接受自己的解釋。

- **常常加強感情交流**:江科長對小趙的誤解煙消雲散後,小趙再不敢掉以輕心,而是趁熱打鐵,經常找理由與江科長進行感情交流。或向江科長討教寫作經驗,或到江科長家和他下棋打牌。久而久之,江科長更加喜歡這個昔日下屬了。小趙為的是透過經常性的感情交流增進與老上司之間的友誼。

皇天不負苦心人,在小趙的努力下,江科長對小趙的誤解徹底沒有了,反倒覺得以前說的話有點對不起小趙。從此以後,江科長逢人就誇小趙多優秀,兩人的感情與日俱增。

從小趙處理江科長對自己的誤解這一案例中,我們可以學習到處理類似事情的一些技巧。

遭上司的批評巧應對

身為下屬,有許多時候會招來上司的批評:自己做了錯事、受了汙蔑……甚至上司心情不好或者他不欣賞你,都可以讓你嘗到批評的滋味。

不管你受到的批評是哪種原因,你在面對上司的批評時,都要注意以下幾點:

▌讓上司把話說完

在上司批評你的時候不要打岔,靜靜地聽他把話說完,尤其要注意自己的動作、表情,不要讓他感覺到你不願意繼續聽下去。正確的做法應該是直視他的目光,身體稍微前傾,表明你在很認真地聽取他的批評,等對方把話說完後再進行解釋,或提出反對意見。

▍肯定上司的誠意

不管上司的批評是否有理，你首先在口頭上要肯定他的誠意，如果上司確實有誠意的話，你的態度會讓他感到欣慰，因而他的態度也會漸漸緩和下來。如果上司是另有動機的話，對於你表現出來的禮貌和涵養，會讓他心虛，因而表現出不自然。這樣，你還可以從對方的反應分析他的批評是否是善意的，不要暗示對方，認為他對你的批評是基於某種不為人知的企圖，這樣，在你們之間會產生更深的隔閡。因為，即使上司確實出於某種動機，也有權利對你的某些行為提出異議。

▍讓上司把批評你的理由說清楚

你應積極地促使批評者說出他的理由，這種方法有利於你了解真相，因而找到解決問題的方法。有些上司在提出批評時，不能做到就事論事，而是用一些含糊其辭的言語，這時讓他把要說的話徹底說完，這樣對方在說話過程中自然而然會流露出他真實的想法，你也因此能捕捉到事情的緣由。採用認真、低調、冷靜的方法對待上司的批評，不會損害你們之間的關係。

▍不要頂撞

上司批評你肯定有他的道理，聰明的下屬能善於利用批評，對待批評，這也展現了對上司的尊重。即使是錯誤的批評，處理得好，壞事也會變成好事，上司認為「此人虛心，沒脾氣」，可能會把你當作親信；而如果你亂發牢騷，雖然一時痛快，但你和上司的關係就會惡化，會認為你「批評不得」，因此也就得出了另一種結論「這人重用不得」。

至於當面頂撞上司則更不可取。不僅上司很失面子，你自己也可能下不了臺。如果你能在上司發火的時候給他面子，大度一點兒，事後上司會感到不好意思，即使不向你當面道歉，以後也會以其他方式給你補償的。

第十一章　外圓內方進退自如

▌不要強調過多理由

受批評、挨訓斥，不是受到某種正式的處分，所以你大可不必百般申辯。挨批評只是使你在別人心裡的印象有些損害，但如果你處理得好，上司會產生歉疚之情、感激之情，你不僅會得到補償，甚至會收到更有利的效果，這與你面子上的損失一比，哪頭輕哪頭重，顯然是不言自明的。而你要是反覆糾纏，寸理不讓，非把事情弄個水落石出，上司會認為你氣量狹窄，斤斤計較，怎能委你以重任呢？

▌不要將批評看得太重

上司批評你時，他最希望下屬能服服帖帖，誠懇虛心地接受批評，最惱火的是下屬把上司批評的話當成了「耳邊風」，依然我行我素。

其實，上司也不是隨便出言批評你的，所以你應誠懇地接受批評，要從批評中悟出道理來。

當然，也不應把批評看得太重，覺得自己受了批評前途就泡湯了，工作打不起精神，這樣最讓上司瞧不起。把批評看得太重，上司會認為你氣度太小，他可能不會再指責你了，但他也不會再信任和器重你了。

慎重處理與上司之間的衝突

巧妙處理與上司之間的衝突是我們工作中不可避免的，尤其是上下級間的衝突，更是時有發生。那麼身為一名普通的下屬，當你與上司發生衝突時，該如何去做呢？下面有一些建議可作參考：

▌忍耐，但不超限

為了維護良好的上下級關係，和諧地和上司相處，必須學會忍耐。我國歷來崇尚謙讓和忍耐，但這並不意味著委曲求全，也不是讓我們去一味

地忍耐，假若如此，上司將被長期放縱下去，而越發為所欲為。我們只是提倡要你適當地忍耐和節制，並正確掌握和運用這一手段。

由於上下級之間所處的社會層次不同，各自自我角色的認知和彼此對他人角色地位的認知不一致，上下級之間難免有衝突發生。即使是和諧的上下級關係中，衝突的蛛絲馬跡依然可見，只不過有些尖銳，有些鈍化，有些公開，有些潛藏，存在的程度和方式有所不同罷了。所以在處理上下級的衝突時，要盡量忍耐，將個人與上司之間的外在衝突，轉成個人心理的自我調整。例如當上司無端批評你時，你自然感到委屈，甚至想與上司鬧翻。但你此時應該冷靜下來，要以「路遙知馬力，日久見人心」的準則來安慰自己，相信會有弄清事實的那一天，於是你的內心漸漸平靜下來。倘若你採取極端的做法，暴跳如雷，大動干戈，其結局可想而知，自己與上司關係的危機頃刻之間便會發生，甚至難以收拾。

在處理上下級關係時，尤其是當你與上司發生衝突時，一定要忍耐、克制自己，它可以使自己和上司的心理上都有一個緩衝的時間，在自我認知和相互認知的程度上淨化一步。一方面我們要反省自己的行為，是否有不當之處；另一方面，上司也不可能是「一貫正確」的，不管對錯與否，你忍耐一下，也給上司一次反省自己的機會；再者，突然而激烈的外部衝突，只會增加彼此之間的反感，導致交往的裂痕，使上下級關係難以向良性發展。

最後需要強調的是，我們所指的忍耐是有限的，不超越限度的，絕非一味忍耐，毫無限度。

▌合理維護自身利益

合理維護自身利益與忍耐是相對應的，也是處理上司與下屬關係的一種手段。忍耐不是無限的，更不是萬能的，有時必須透過一定手段來維護

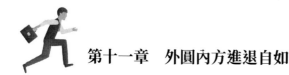

自身的利益。例如，對待上司存在的一些大問題和一些原則性問題，單憑忍耐是解絕不了問題的。這時必須需要我們表明立場和觀點，加以抵制和抗爭，以維護公司及我們的自身利益。事實上，大多數上司，對於來自下屬的合理批評和意見，是虛心接受並熱誠歡迎的。只要我們是從工作出發，真心地想幫助上司改進工作，絕大多數上司是給予鼓勵和支持的，並不影響上下級的關係。

　　處理好上下級關係，爭取並合理維護自身利益，關鍵要掌握好標準，即合理。如果不講理、無理取鬧、胡攪蠻纏，必然損害上下級關係。

身居要位的救命法寶

　　一個人得上司欣賞而位高權重，固然是件好事。然而，由於事物的複雜多樣，環境的不斷變異，在某些時候，利與弊會不知不覺地轉換。這樣，就要求我們必須隨時以清醒的頭腦注意了解自己，掌握對方和周圍環境，掂量你的利和弊，而不是一味地以一般的經驗辦事。

　　《陰符經》說：「性有巧拙，可以伏藏。」它告訴我們，善於伏藏是制勝的關鍵。一個不懂得伏藏的人，即使能力再強、智商再高也難以戰勝對手，甚至還會招來殺身之禍。

　　而伏藏的內容又可分為兩層：一是藏拙，這是一般意義上的伏藏，也是最常用的。藏住自己的弱點，不給對方可乘之機。而另一種，也是更高明的——「藏巧」。

　　下面這兩個故事就是「藏巧」的範例。

　　漢高祖時，呂后採用蕭何之計，謀殺了韓信。高祖正帶兵征剿叛軍，聞訊後派使者還朝，封蕭何為相國，加賜五千戶，再令五百士卒、一名都衛做相國的護衛。

百官都向蕭何祝賀，只有陳平表示擔心，暗地裡對蕭何說：「大禍由現在開始了。皇上在外作戰，您掌管朝政。您沒有冒著箭雨滾石的危險，皇上卻增加您的俸祿和護衛，這並非表示寵信。如今淮陰侯（韓信）謀反被誅，皇上心有餘悸，他也有懷疑您的心理。我勸您辭掉封賞，拿出所有家產去輔助作戰，這才能打消皇上的疑慮。」

一語驚醒夢中人。蕭何依計而行，變賣家產犒軍，高祖果然高興，疑慮頓減。

這年秋天，黥布謀反，高祖御駕親征，此間派遣使者數次打聽蕭何的情況。回報說：正如上次那樣，相國正鼓勵百姓拿出家產輔助軍隊征戰呢。

這時有個門客對蕭何說：「您不久就會被滅族了！您身居高位，功勞第一，便不可再得到皇上的恩寵。可是自您進入關中，一直得到百姓擁護，如今已有十多年了；皇上數次派人問及您的原因，是害怕您受到關中百姓的擁戴。現在您何不多買田地，少撫卹百姓，來自損名聲呢？皇上必定會因此而心安的。」

蕭何認為有理，又依此計行事。

高祖得勝回朝，有百姓攔路控訴相國。高祖不但沒有生氣，反而高興異常，也沒對蕭何進行任何處分。

比起蕭何來，王翦似乎更勝一籌。

戰國末期，秦國老將王翦率領 60 萬秦軍討伐楚國，秦始皇親自到灞上為王翦大軍送行，王翦向秦始皇提出了一個要求，請求秦始皇賞賜給他大量土地宅院和園林。

秦始皇很不明白王翦的意思，不以為然地說：「老將軍只管領兵打仗吧，哪裡用得著為貧窮擔憂呢？」

第十一章　外圓內方進退自如

　　王翦回答說：「當國王的大將，往往立下了赫赫戰功，卻得不到封侯。因此，趁著大王還寵信我的時候，請求大王賞給我良田美宅，好作為我子孫的家產。」

　　秦始皇聽後覺得這點要求微不足道，便一笑了之。

　　王翦帶領軍隊行進函谷關，心裡還惦記著地產的事，接連幾次派人向秦始皇提出賞賜地產的要求。

　　王翦手下的將領們見他率兵打仗還戀戀不忘田宅，覺得不可思議，便問他說：「將軍如此三番五次地懇請田宅，不是做得太過分了嗎？」

　　王翦答道：「不對，秦王這個人生性好猜疑，不信任人，現在他把秦國的軍隊全部讓我統領，我不借此機會多要求些田宅，為子孫們今後自立作些打算，難道還要眼看他身居朝廷而懷疑我有二心嗎？」

　　第二年，王翦率領的軍隊攻下了楚國，俘獲楚王負芻。秦始皇十分高興，滿足了王翦的請求，賞給他不少良田美宅，園林湖池，將他封為武成侯。

　　身在職場，位居高位，上面看重，下面擁戴，實在是最風光愜意的一件事，只是，切記「樹大招風」。在大功重賞面前或身居高位之後，更要善於「藏巧」，切莫鋒芒太露，妄自尊大，以免功高震主，引火燒身。

找到對的主管，跟班當好當滿！

相處四禁忌 × 升遷五地雷 × 說話八原則，掌握職場相處技術，
晉升比火箭還快速！

編　　著：宋希玉，林凌一
發 行 人：黃振庭
出 版 者：財經錢線文化事業有限公司
發 行 者：財經錢線文化事業有限公司
E-mail：sonbookservice@gmail.com
粉 絲 頁：https://www.facebook.com/
　　　　　sonbookss/
網　　址：https://sonbook.net/
地　　址：台北市中正區重慶南路一段六十一號八
　　　　　樓 815 室
Rm. 815, 8F., No.61, Sec. 1, Chongqing S. Rd.,
Zhongzheng Dist., Taipei City 100, Taiwan
電　　話：(02)2370-3310
傳　　真：(02)2388-1990
印　　刷：京峯彩色印刷有限公司（京峰數位）
律師顧問：廣華律師事務所 張珮琦律師

定　　價：350 元
發行日期：2023 年 01 月第一版
◎本書以 POD 印製

國家圖書館出版品預行編目資料

找到對的主管，跟班當好當滿！相處四禁忌 × 升遷五地雷 × 說話八原則，掌握職場相處技術，晉升比火箭還快速！/ 宋希玉，林凌一編著 . -- 第一版 . -- 臺北市：財經錢線文化事業有限公司 , 2023.01
　面；　公分
POD 版
ISBN 978-957-680-549-3(平裝)
1.CST: 職場成功法 2.CST: 人際關係
494.35　111018487

電子書購買

臉書